HOME DECOR CHEAT SHEETS

图解住宅家居陈设布局

打造时尚家居必备知识手册

[美] 杰西卡 · 普罗伯斯 著 侯小凤 译

華中科技大學出版社
http://www.hustp.com
中国 · 武汉

图书在版编目(CIP)数据

图解住宅家居陈设布局 / (美) 杰西卡·普罗伯斯著; 侯小凤译. -- 武汉 : 华中科技大学出版社, 2020.9
ISBN 978-7-5680-6475-0

Ⅰ. ①图… Ⅱ. ①杰… ②侯… Ⅲ. ①住宅 - 室内装饰设计 - 图解②室内布置 - 设计 - 图解
Ⅳ. ①TU241-64 ②J525.1-64

中国版本图书馆CIP数据核字(2020)第156562号

图解住宅家居陈设布局　　[美] 杰西卡 · 普罗伯斯 著　　侯小凤 译
TUJIE ZHUZHAI JIAJU CHENSHE BUJU

责任编辑：周永华　　封面设计：金　金
责任校对：周怡露　　责任监印：朱　玢

出版发行：华中科技大学出版社（中国 · 武汉）　　电话：(027)81321913
武汉市东湖新技术开发区华工科技园　　邮编：430223

录　排：武汉东橙品牌策划设计有限公司
印　刷：武汉精一佳印刷有限公司
开　本：880mm x 1230mm 1/32
印　张：4.75
字　数：102千字
版　次：2020年9月第1版第1次印刷
定　价：58.00元

献给我的父母，

他们知道如何充分利用空间营造美好家园；

致卡洛琳，她给我不安的心一片栖息地。

——杰西卡·普罗伯斯

献给我的妈妈、雷伊、迈克尔和洛基。

——爱丽丝·蒙康莉特

前言

通往理想家园的道路困难重重，一般会遇到金钱、位置、时间、装修以及其他方面的种种阻碍。本书旨在简化所有步骤，为您提供简单的家具与陈设搭配方式，让您无论住在哪里，都能营造一个功能性强的、温暖的、开放的空间。在那里，家具和陈设不是主角，而是毫无违和感的背景，成为您梦想生活的衬托。

您是否还在寻找您的第一间公寓？或者已经搬进了属于自己的家？本书的搭配指南会帮助您做一点小小的改变，以大大改善生活。譬如，窗帘稍微往上悬挂一点，会让天花板看起来更高。无论您是对卡布利尔沙发情有独钟，还是分不清楚贵妃椅和切斯特菲尔德沙发，您都不用担心，书中丰富的插图会让内容通俗易懂。

就像任何居室的装修一样，书中这些搭配指南旨在为您日后有需要时提供参考，这是一个逐渐完善的过程，不是一天甚至一年就能完成的事情。它会慢慢帮助您做一些您想要的改变，如改造墙面或改变窗帘悬挂方式等，以便打造一个美好家园。为了让您居住舒适，或让空间更具功能性，书中介绍了很多“规则”，然而学习规则最重要的就是知道何时打破规则以及怎么打破它们。

如何使用本书

家具风格大致分为三个主要类别：现代风格、过渡风格和经典风格。大多数家庭采用过渡风格。如果您不确定喜欢什么风格，可以参阅本书中使用的以下基本术语解释。

现代风格的家具外观更加简约，采用流线型设计，运用极简的几何形状。现代风格的家具一般使用轻型木材或者一些替代材料如金属或橡胶制造。

过渡风格的家具通常混合采用木材和其他装饰品，线条柔和，设计轮廓简约，适用于很多不同的家庭。过渡风格的家具让人感到放松，更多运用垫子，相较于现代风格和经典风格，它的特征不鲜明。

经典风格的家具外观更加复古和传统，就像古董复制品。经典风格的家具一般用深色木材制造，线条弯曲，多用厚重面料装饰，如锦缎和天鹅绒，且通常没有现代风格和过渡风格舒适。

本书包含的一些词汇表，不仅可以丰富您的设计词汇量，还可以在您与推销员交流时助您一臂之力，或者帮助您上网查找需要的图书，具体搜索“劳森沙发”比仅仅搜索“沙发”效果要好得多。如果您已经对家的风格有了具体想法，那么书中的一些技巧可以让居室的设计更上一层楼，帮助您在一些需要进行小改动的地方做最后润色。最后，如果您已经利用本书改善了所有需要改动的地方，那么可以参阅书后提供的一些家具和搭配资源指南，这可以帮助您继续进行家居设计的学习。

目录

客厅

沙发风格

沙发的选择非常重要，这不仅是因为沙发价格昂贵，而且是因为沙发奠定了居室风格的基调。所有家具设计师和制造商都会给他们的沙发取一个独特的名字。以下是10种常见的沙发类型及其称呼，涵盖了从传统复古的样式到现代流线型的几何样式。

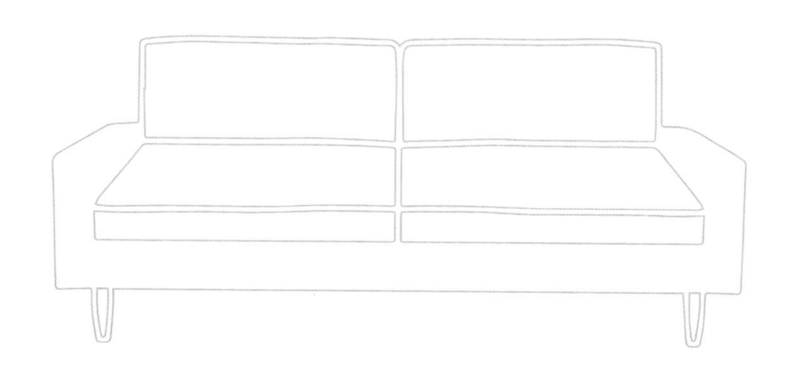

现代风格

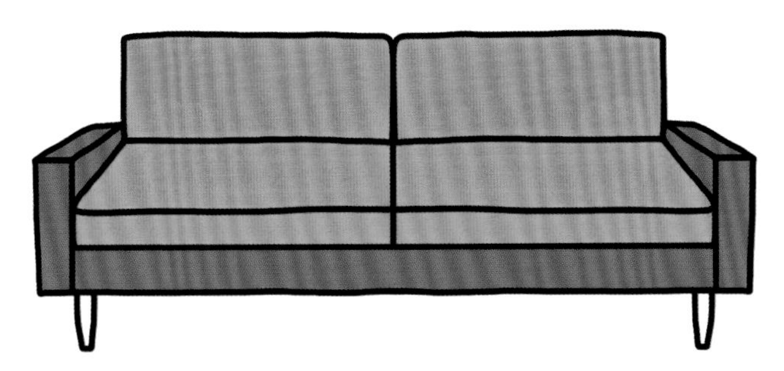

中世纪现代沙发

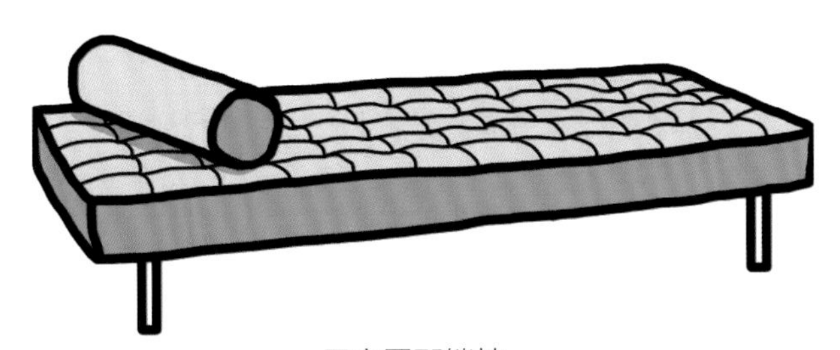

巴塞罗那躺椅

贵妃椅

过渡风格

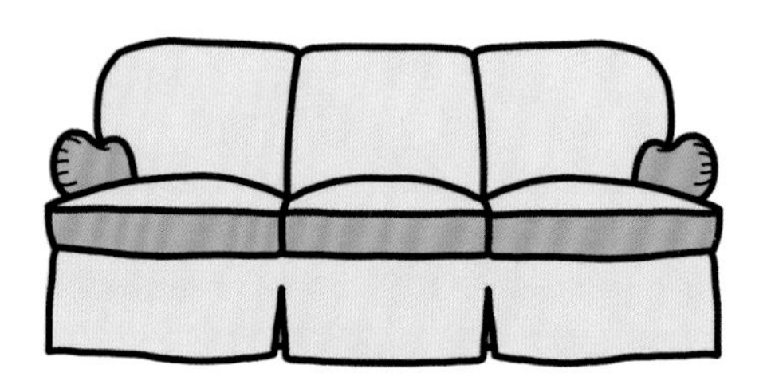

英式卷臂沙发

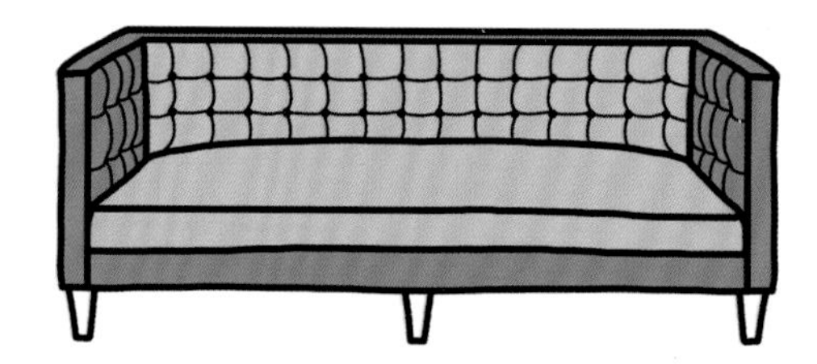

塔克西多沙发

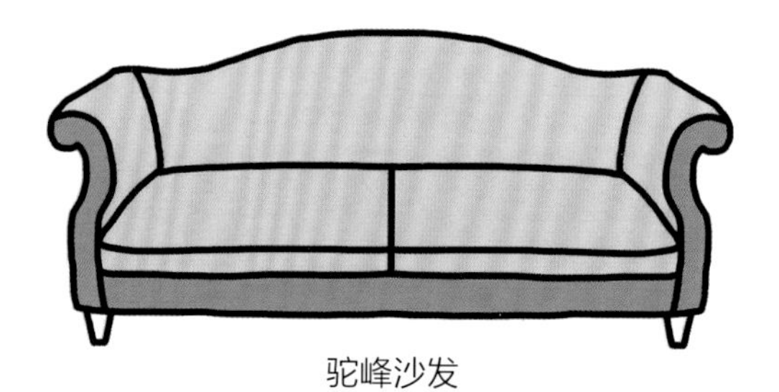

驼峰沙发

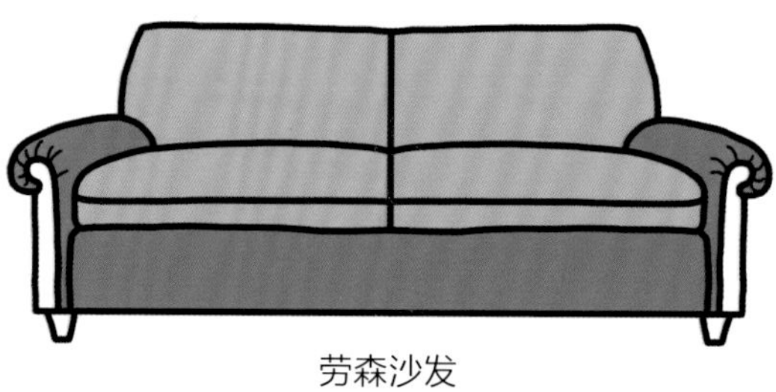

劳森沙发

经典风格

卡布利尔沙发

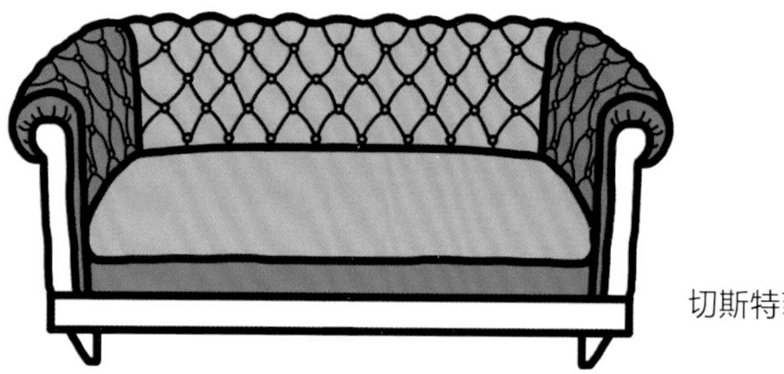

切斯特菲尔德沙发

长沙发

沙发词汇

长座椅：只有单个沙发垫，且与座椅同长。

驼峰沙发：一种常见的沙发类型，沙发中部的靠背比两边高，形如驼峰。

沙发架：沙发底座结构，上面放置沙发垫。在一些可卸垫沙发中，沙发架通常用淡色的面料做成，而不采用装饰材料。

左扶手或右扶手：用于描述面对贵妃椅站立时，其扶手位于哪一侧。

可卸垫：沙发垫不固定在沙发架上。通常很舒服，也很容易清洗。有的款式有枕头靠背，沙发垫紧实；有的款式是紧靠背式的，沙发垫松软。

枕头靠背：可卸垫沙发款式的另一种说法，沙发垫不固定在沙发架上。

卷臂：一种沙发臂向外弯曲的沙发，通常搭配垫子，是传统的经典沙发风格。

可组合型沙发：沙发由几个部分组成，通常可以自由组合成新的形状。较常见的是L形沙发。

沙发下摆：从沙发架延伸到地面的部分，通常将沙发脚遮盖住。

沙发床：任何可以改装成床的沙发，无论是可往外拉的款式，还是可放倒靠背的日式款式。

方形沙发臂：沙发臂犹如方形盒子，通常搭配垫子。这种类型的沙发线条更加简洁，富有现代感。

紧靠背：没有可移动垫子的沙发。这种极简的样式没有可卸垫沙发那么舒服。这种类型的沙发没有胀鼓鼓的垫子，但通常沙发架是有弹性的。

拉线：利用打结或拉扣将沙发面料固定在沙发架上，即将面料拉线。拉线沙发外观古典，雍容华贵，但是没有其他款式的沙发舒服。

贴边：装饰性的边线，贴着要装饰的沙发边缘，有时候边线颜色采用要装饰的沙发颜色的对比色。

装饰沙发椅类型

装饰风格的沙发椅能给空间增添座位，同时能在一个空间里混合不同设计风格。虽然安乐椅价格昂贵，但是它比休闲椅更舒服。而休闲椅比安乐椅小巧，更容易搬动，可以在任何场合满足座位需求。

浴缸形沙发椅

专家提示：

如果沙发和椅子风格迥异，可放置颜色或图案协调的抱枕，这样可以起空间连接作用。

翼背沙发椅

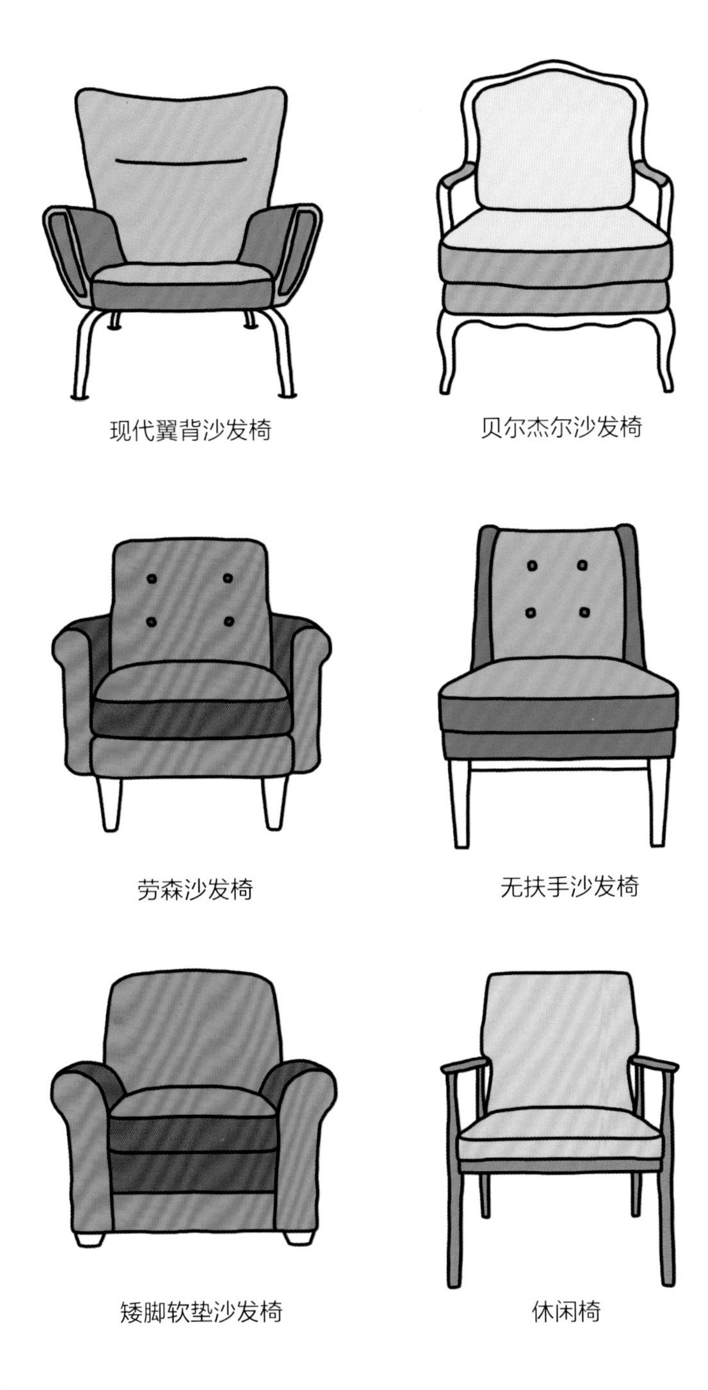
现代翼背沙发椅
贝尔杰尔沙发椅
劳森沙发椅
无扶手沙发椅
矮脚软垫沙发椅
休闲椅

茶几风格

茶几可以让座位区看起来完整，并具备功能性。理想的茶几风格和大小取决于沙发的风格和大小，还有居室内其他座椅的风格和大小。长方形的茶几较为常见，和长沙发非常相配。正方形和圆形的茶几则更适合搭配小型的座椅。

农舍式

夏克式

中世纪风格
帕森斯风格
现代风格
工业风格

茶几高度和长度

茶几的大小取决于沙发的大小。大小和功能最优的茶几，其长度约为沙发长度的三分之二，高度低于沙发坐垫2～4英寸（5～10厘米）。为保证有足够的空间走动，要确保沙发和茶几间空出约18英寸（约46厘米）的距离。

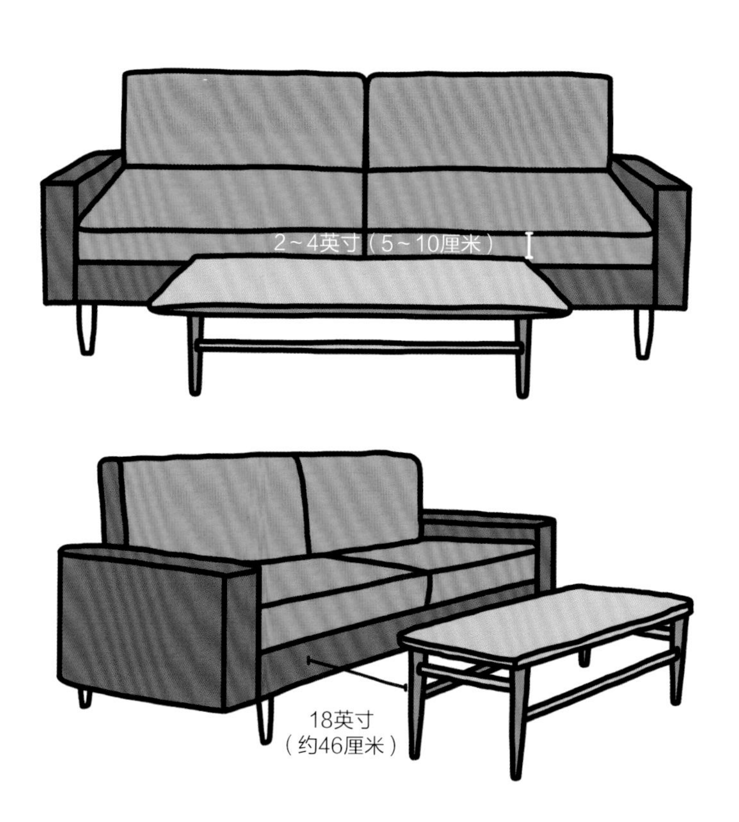

边几风格

要想知道是否需要或哪里需要边几，可以这样考虑：确保客人在居室里的每个座位随时都能有地方放杯子。除了这个功能，边几上还能额外放置照明灯，给居室增添不同的色彩或质感。

郁金香风格

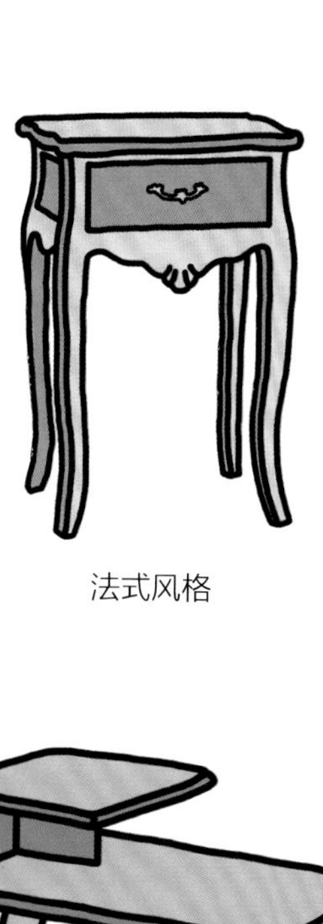

法式风格

装饰艺术风格

中世纪风格

摄政时期风格

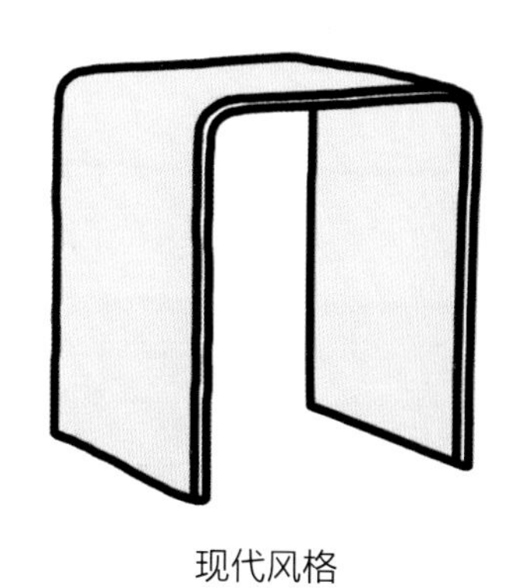

现代风格

工业风格

边几高度

边几的高度取决于其侧边家具的扶手高度：边几的高度应高于沙发扶手或椅子扶手高度0～2英寸（0～5厘米）。如果没有扶手，边几高度应该高于座位高度0～2英寸（0～5厘米）。

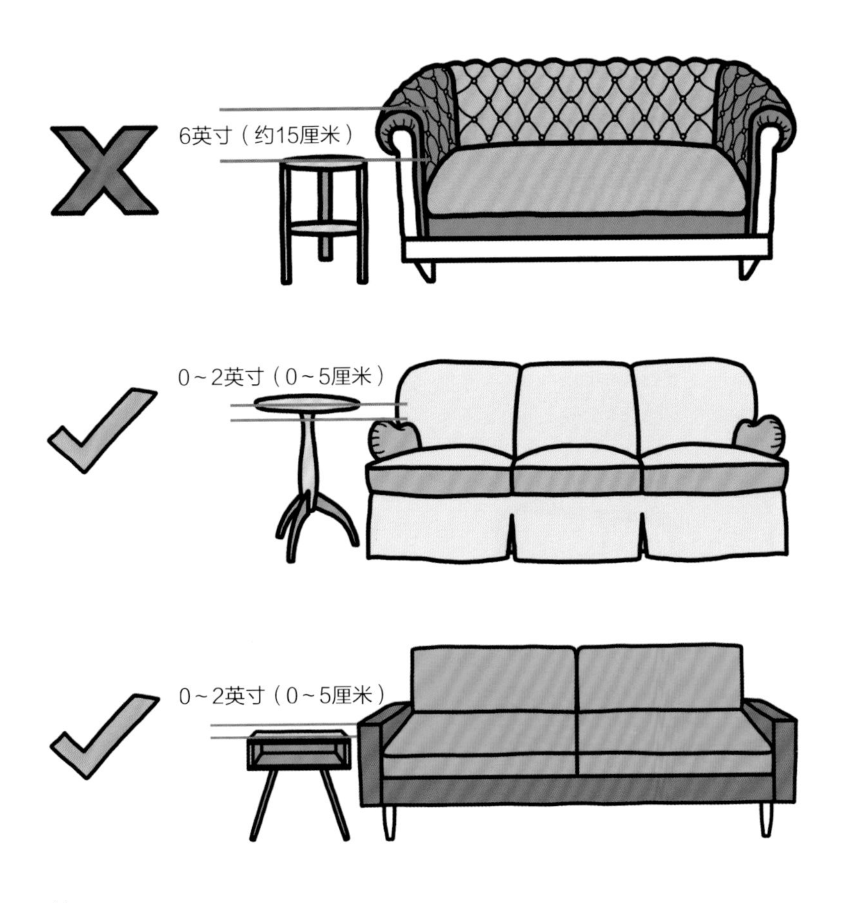

餐 厅

餐桌风格

餐桌风格固然很重要，但关键是要考虑它的形状。为了能够轻松地将餐椅推进拉出，餐桌边缘和墙或距离其最近的家具之间至少应保留42英寸（约107厘米）的距离。单支架餐桌通常可比搁板餐桌和农场风格餐桌容纳更多人，因为其下面有更多的空间放脚。

现代风格

单支架餐桌

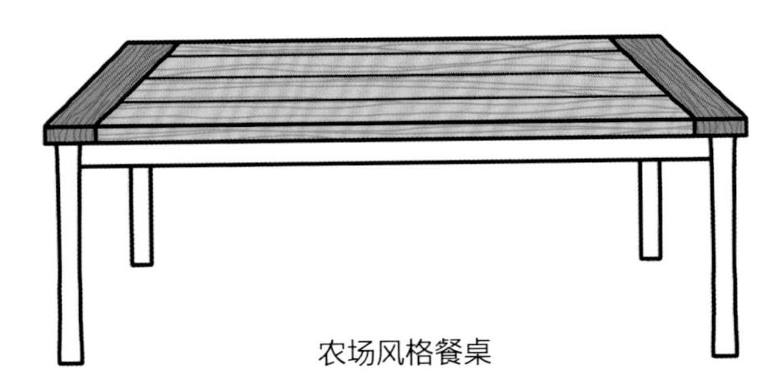

农场风格餐桌

过渡风格

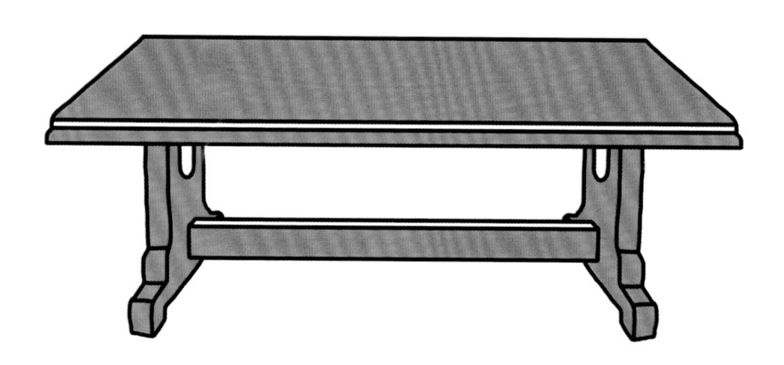

搁板餐桌

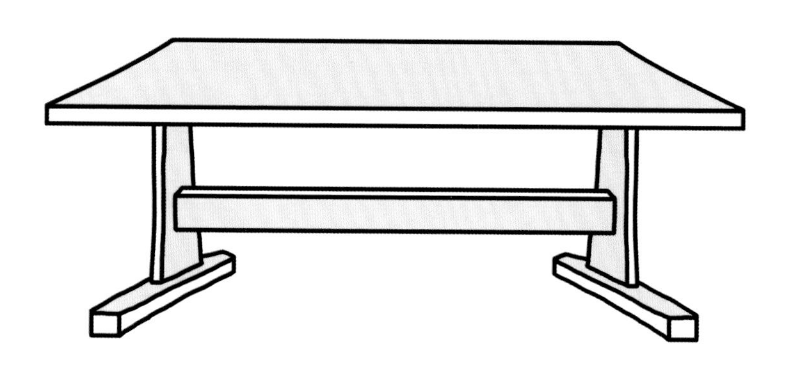

搁板餐桌

经典风格

单支架餐桌

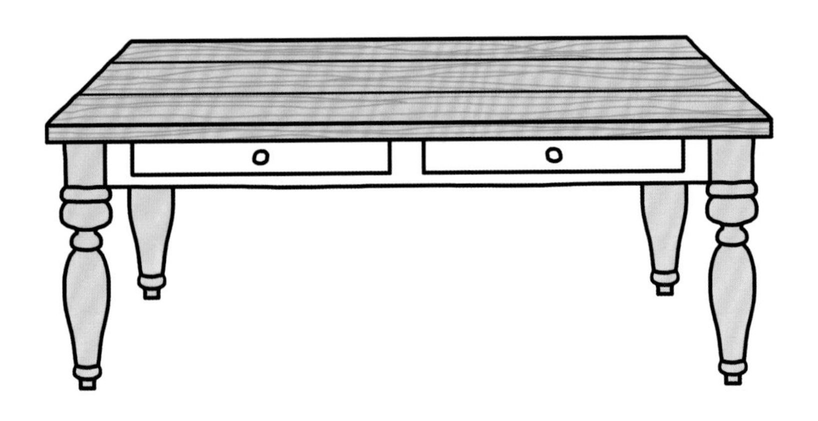

农场风格餐桌

餐桌形状：圆形

圆形餐桌非常适合方形小空间，因为其没有桌角，通常可以容纳更多人。圆形餐桌可以营造放松和亲密的就餐环境，因为每个人之间的距离相同。下图展示了不同大小的桌子配多少数量的餐椅最合适，以供参考。如果餐椅较大或有扶手，那容纳的人数就会相应减少。

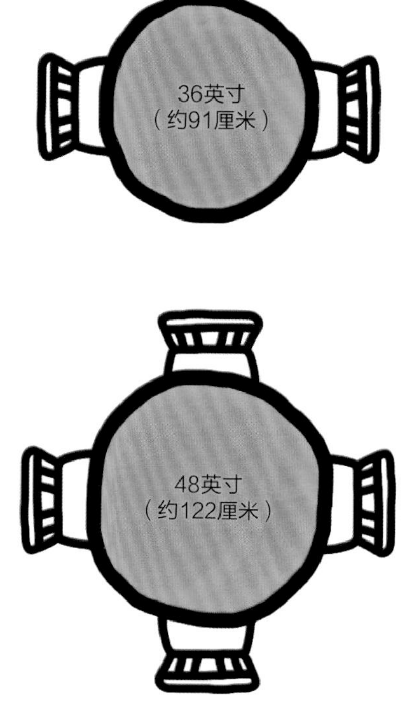

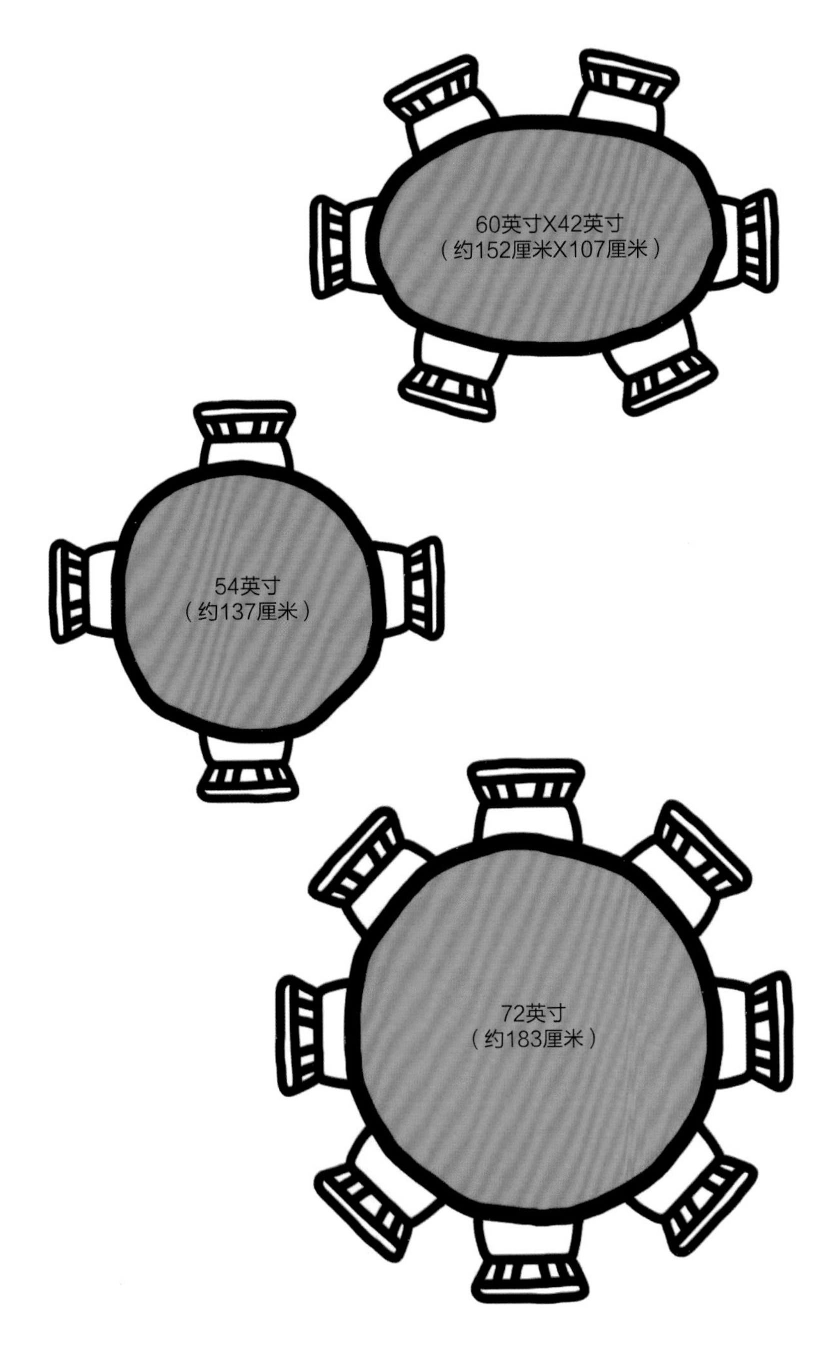
60英寸X42英寸
（约152厘米X107厘米）
54英寸
（约137厘米）
72英寸
（约183厘米）

餐桌形状：长方形

长方形餐桌非常适合较长的空间，例如多人用餐或人流较多的餐厅。使用长方形或正方形餐桌用餐，每个人应有2英尺（约61厘米）的用餐空间。遇到多人用餐的大场合，可以增添更多椅子。长方形餐桌也很适合搭配长凳，不用餐时可以把长凳收在餐桌下面，使空间看起来没那么拥挤。

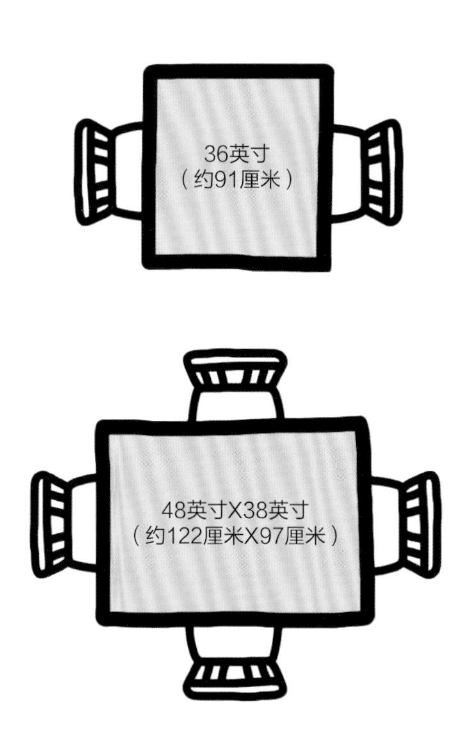

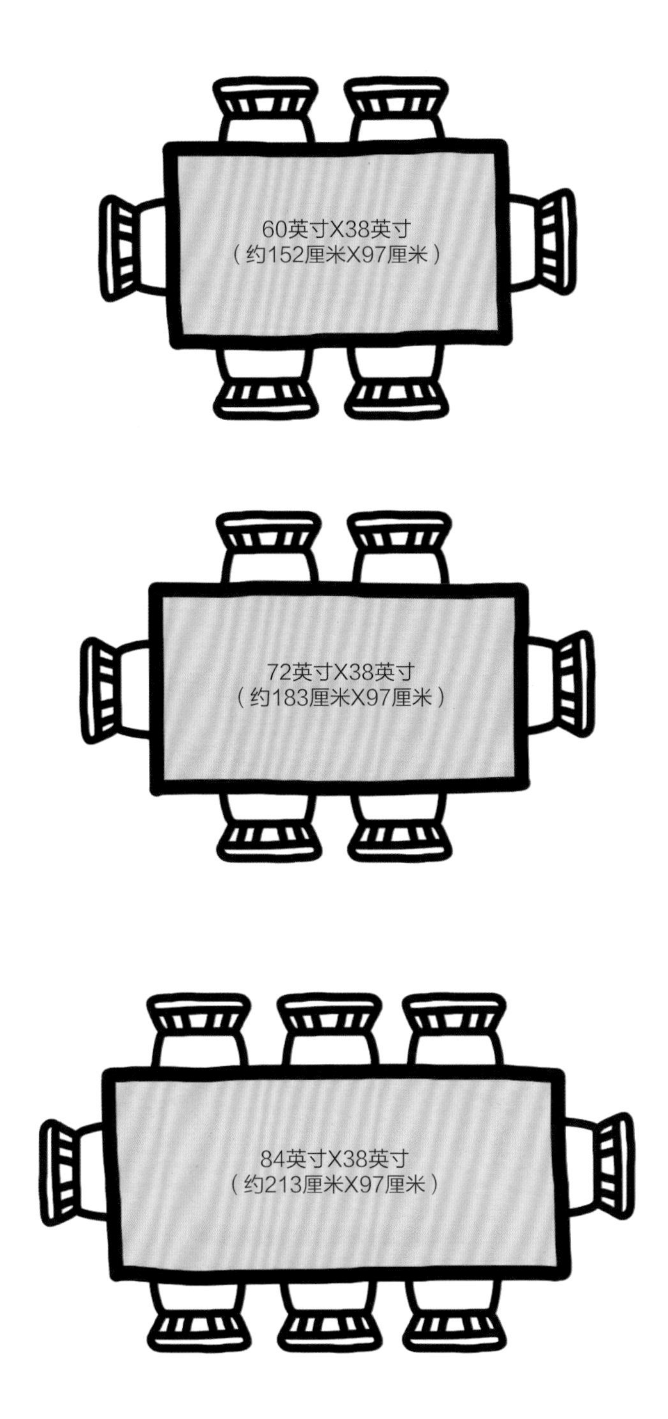
60英寸X38英寸
（约152厘米X97厘米）
72英寸X38英寸
（约183厘米X97厘米）
84英寸X38英寸
（约213厘米X97厘米）

餐椅风格

合适的餐椅可以极大地改变餐桌的外观。如果您敢于尝试，可以混合搭配一系列餐椅，给旧旧的餐桌增添一点其他风格也未尝不可，这样就不必去买一套全新的餐桌和餐椅了。为了使互不搭配的几张餐椅风格一致，可以全部刷上同样颜色的漆，或加上相配的椅垫做装饰。

现代风格

中世纪现代风格

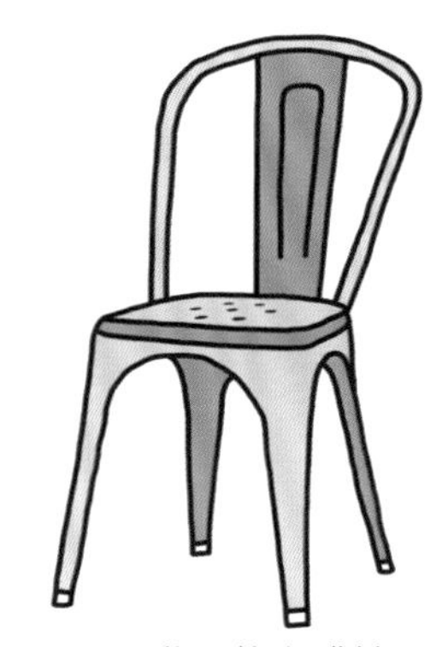

工业风格咖啡椅

现代曲木椅

过渡风格

温莎椅

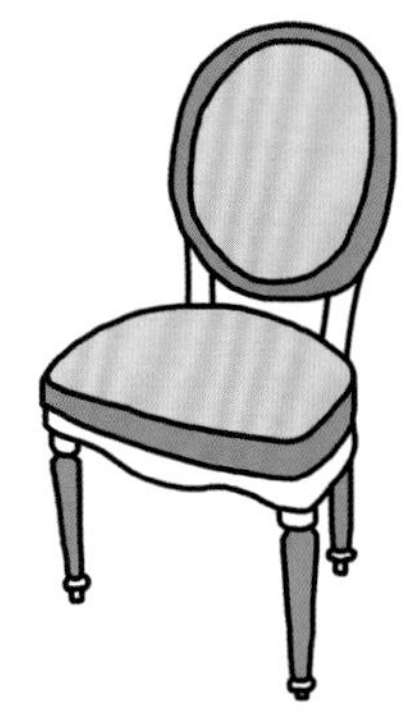

复古法式椅

帕森斯椅子

经典风格

法式酒馆风格椅子

叉背椅

传统曲木椅

凳子风格

凳子风格取决于居室风格及其使用频率。无靠背凳子视觉上占的空间相对较少，但是就每天的使用而言，舒适度大大降低。装饰凳子或高靠背凳子通常价格更高，但是比一般餐椅更加舒服。经典风格的凳子通常是高靠背的，而现代风格或工业风格的凳子通常是低靠背无垫子的。每种风格都有很多形状各异的凳子。

马鞍凳

复古凳

工业风格凳子

中世纪风格凳子

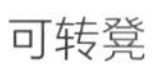

可转凳

布面凳

凳子高度

吧台凳子和柜台凳子唯一的区别就是凳子的高度：通常，吧台凳子的高度为30~32英寸（76~81厘米），而柜台凳子的高度为24~26英寸（61~66厘米）。一些家具店和制造商会将这两个术语互用。不管叫法如何，最主要的是在选择凳子时要考虑其高度，且吧台面或桌面和吧台凳子或柜台凳子之间应该保留8~10英寸（20~25厘米）的距离。

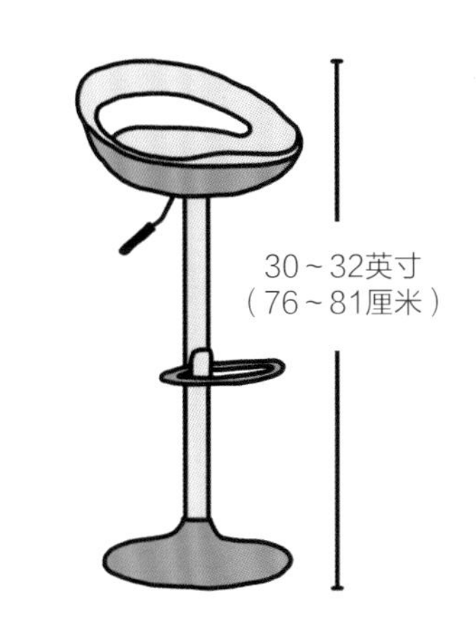

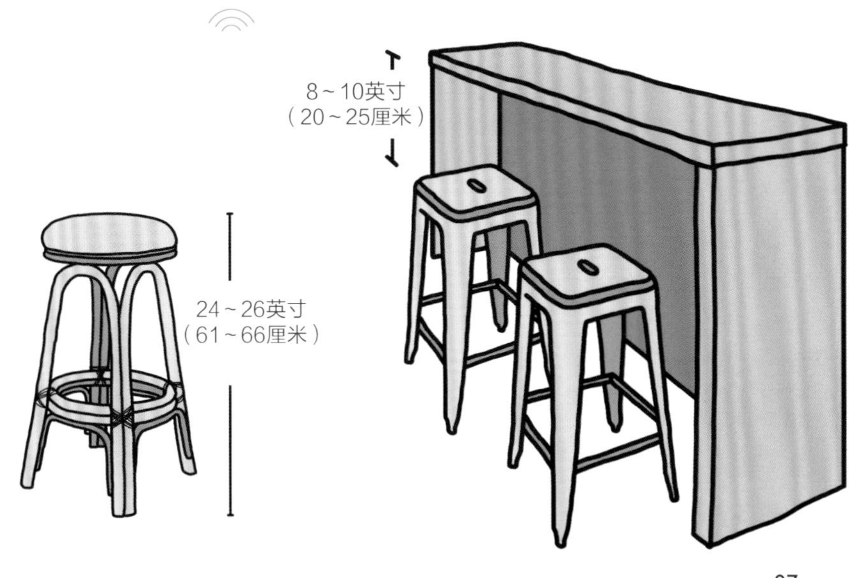

卧室

床的风格

床的选择非常重要，就像沙发一样，因为其价格高昂并且将会改变房间的整体风格和氛围。特定的床类型会有不同的功能：可储物床，或者床底下有储物空间的床适合小型公寓和较小的空间；有脚轮的矮床和坐卧床可以作为额外的就座和睡眠的地方；带天篷的床和四帷柱床外观很豪华，可将大的空间分隔开。所有这些类型的床都有不同的大小以供选择。

现代风格

沙发床

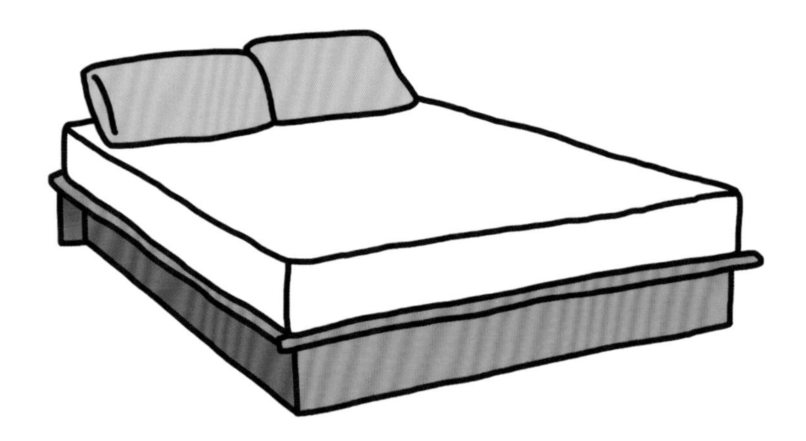

平台式床

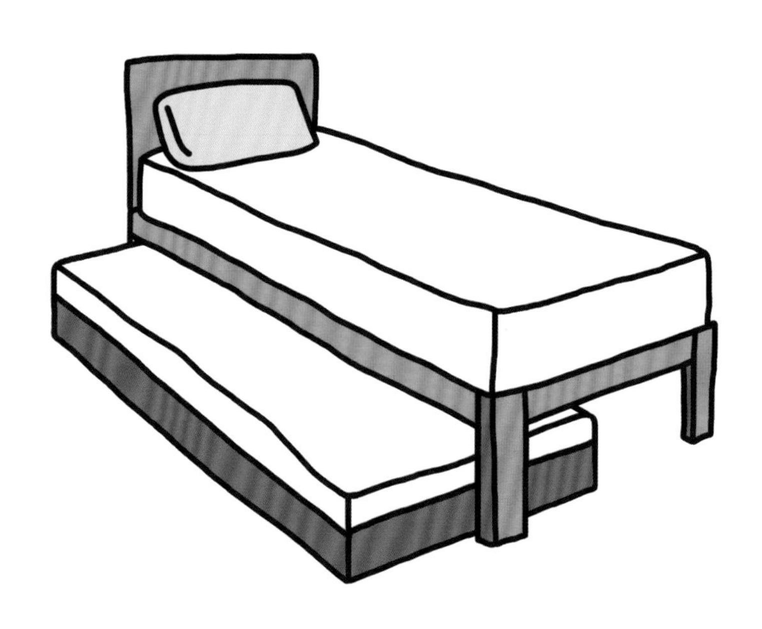

可移动的脚轮矮床

过渡风格

四帷柱床

板床

豪华装饰床

经典风格

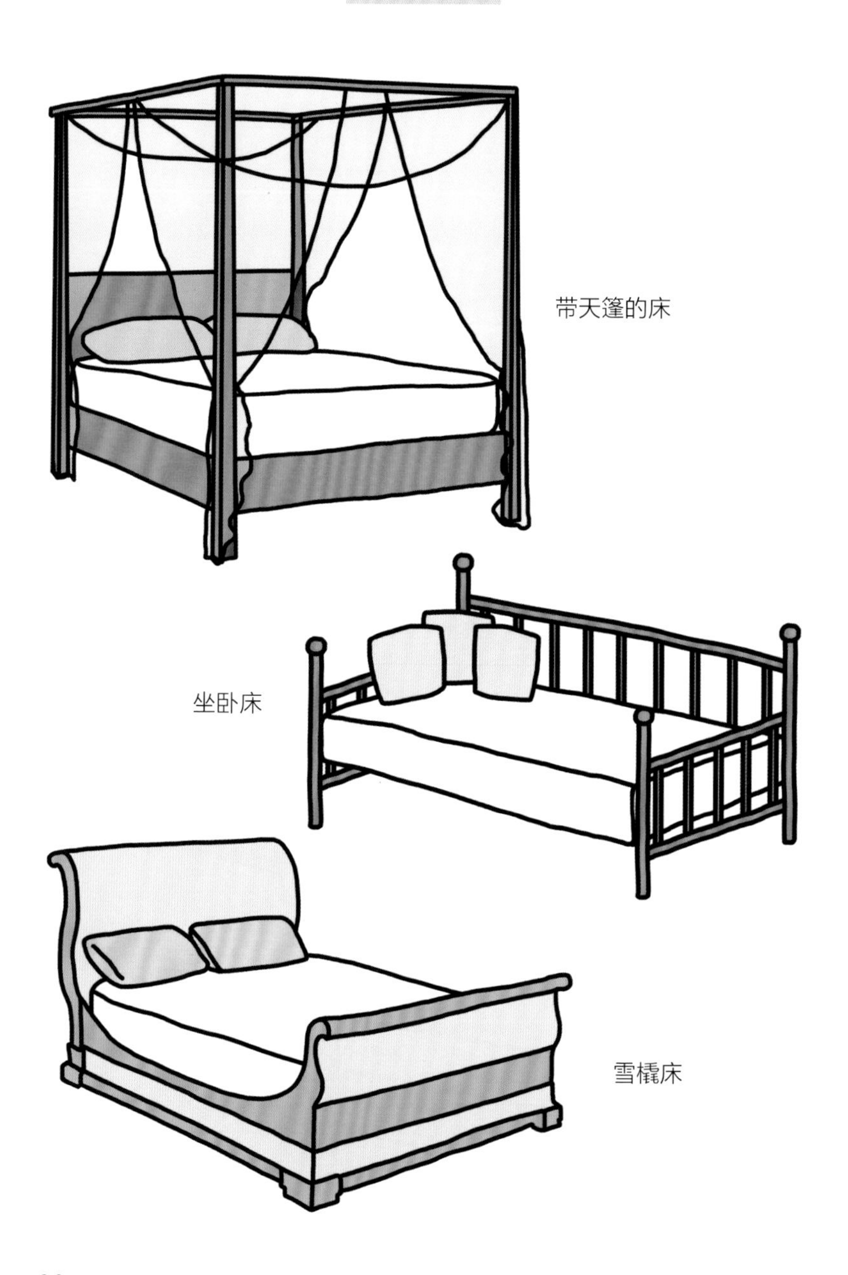

床头板的类型

床头板的形状、大小、种类繁多，且各个设计师或制造商都会给它们取不同的名字。这些名字是一般通用语，用来描述类型，在商场购买时或是想自己动手制作时都可以用上。偏圆形的床头板会让房间更具柔和感，而方形或阶梯形床头板则会增添阳刚感。

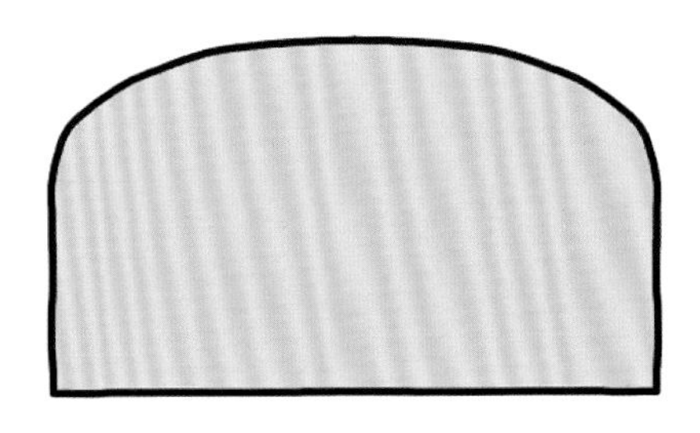

拱形

基本形

斜角板

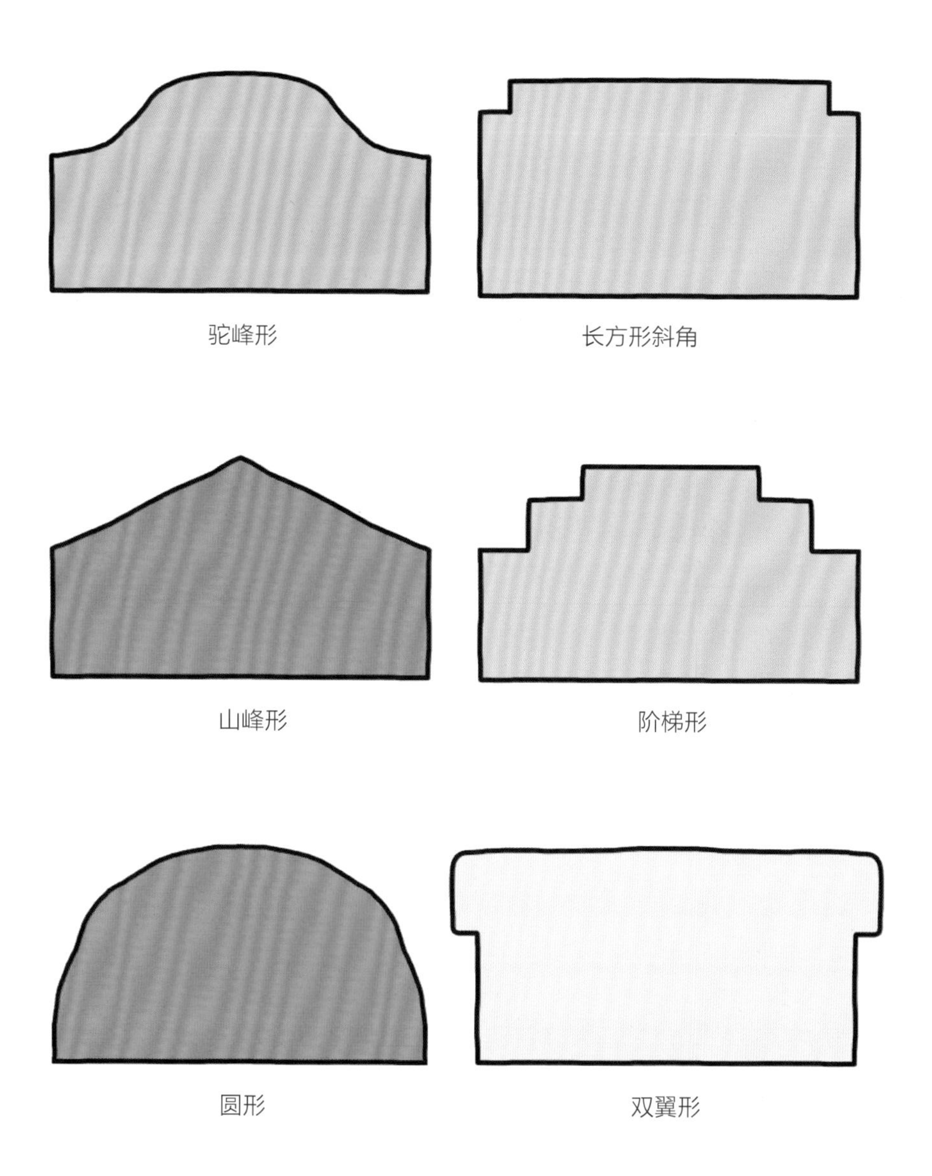
驼峰形
长方形斜角
山峰形
阶梯形
圆形
双翼形

床头柜的类型

床头柜最先叫做“便桶”，来源于法语，意思为“便利”，因为柜子下面藏着一个床边夜壶。今天，很多床头柜有抽屉或柜门，形成一个储藏空间。除了作为储藏空间，床头柜还可以很好地给房间带来不同的色彩和质感。

邦贝式

中世纪式

护角式

农舍式

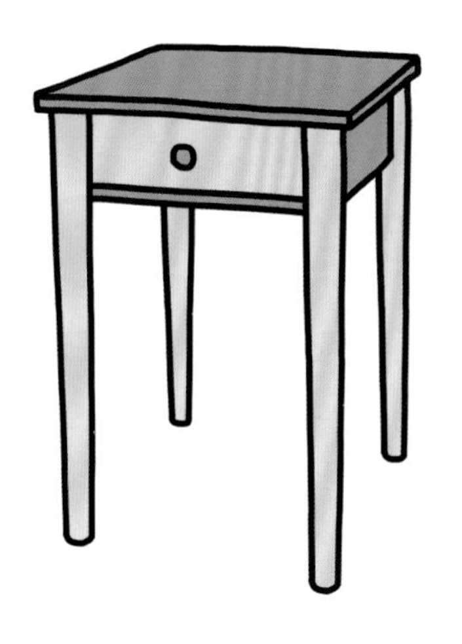

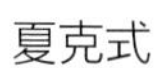

夏克式

过渡式

床头柜的高度

床头柜的理想高度取决于床的高度。床和床头柜的标准高度为24～28英寸（61～71厘米）。然而，很多老式带天蓬的床或者现代平台式床的高度有很大的不同。确定床头柜高度的黄金法则就是要么和床同高，要么比床高几英寸。

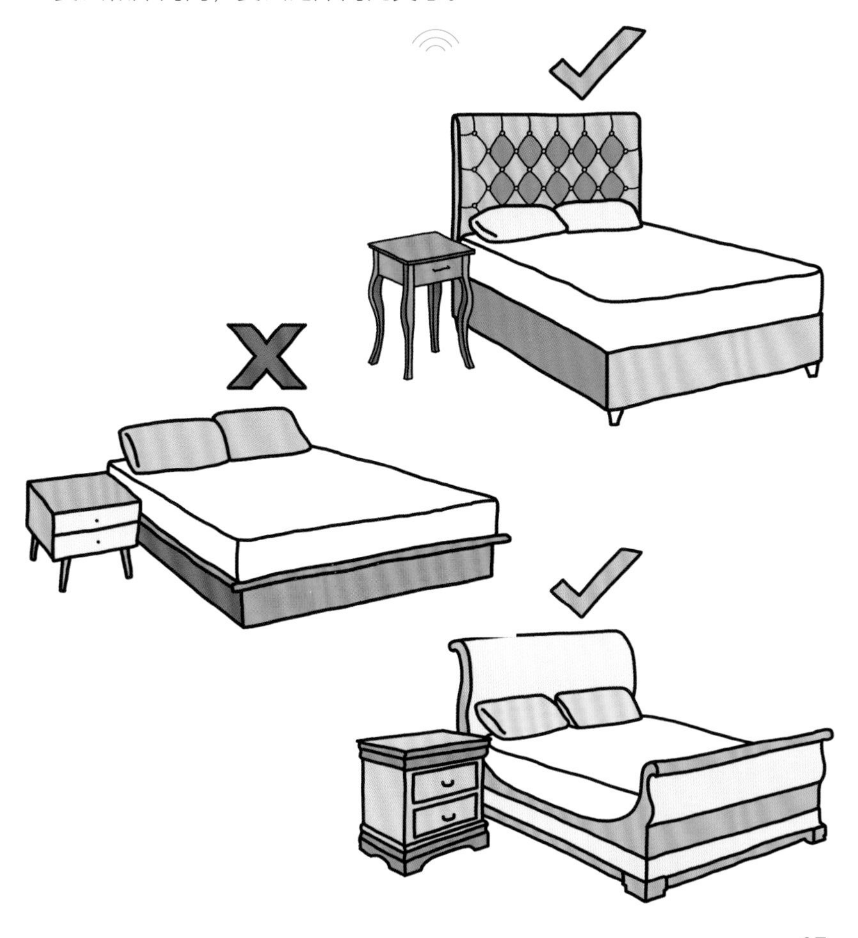

床上枕头的摆放

床上枕头的数量和装饰功能取决于两个因素：房间的风格和主人愿意整理床铺的程度。这里只讲解几种枕头摆放方式，如将睡觉时实际使用的枕头和一个或多个装饰枕头摆放在一起，让床铺看起来更加完整和紧凑。枕头有三种常见的摆放方式：简单（睡眠枕头）、标准（较大的长方形枕头，通常套着可拆卸的装饰枕套）、装饰（较小的正方形或长方形枕头，有的会套上可拆卸枕套）。

单人床

简单

标准

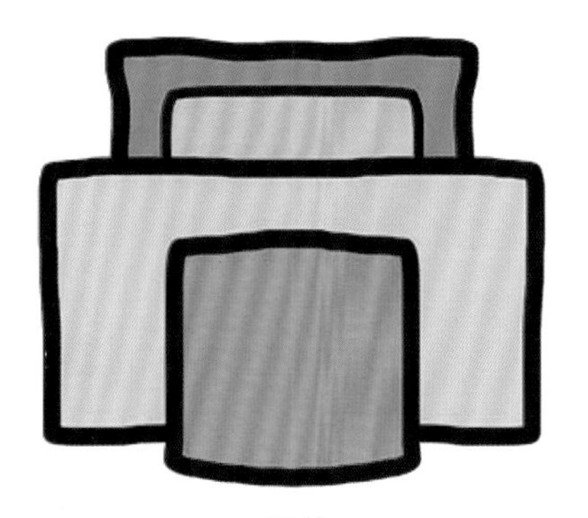

装饰

大床和加大床

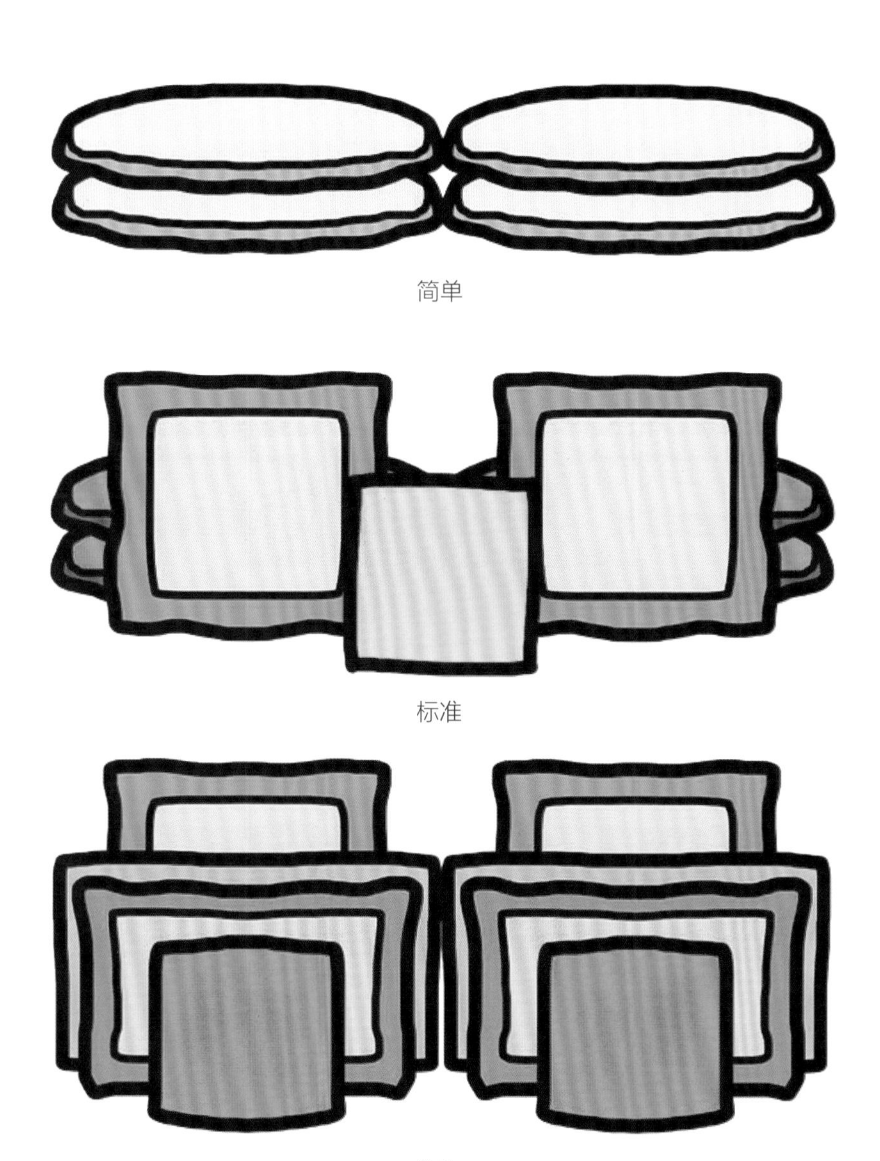

简单

标准

装饰

特大床

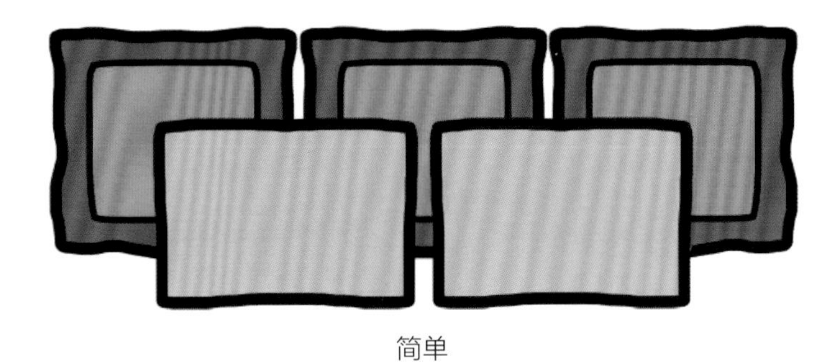

简单

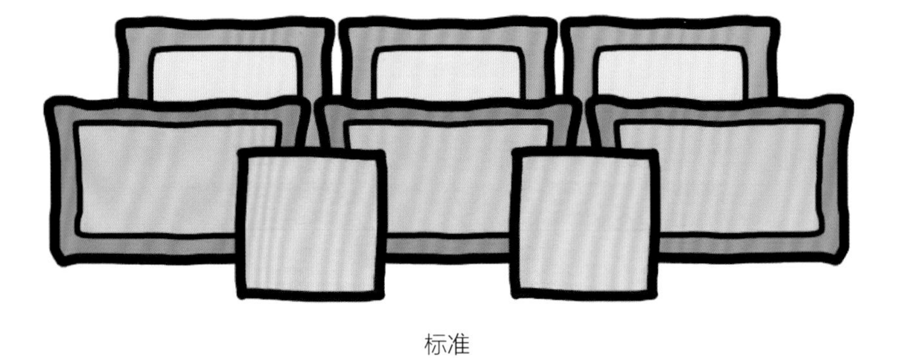

标准

装饰

床的大小

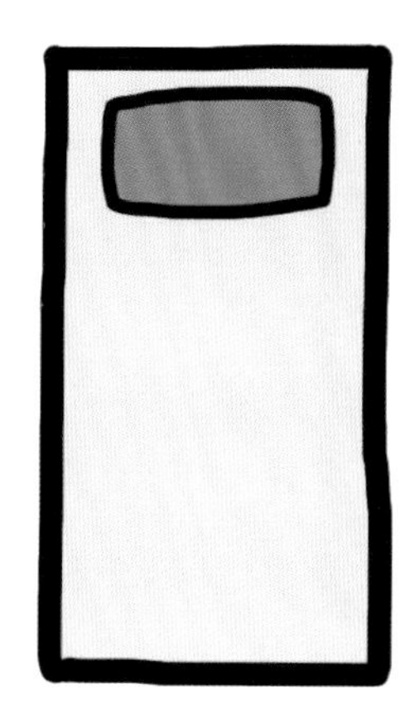

单人床

39英寸 x 75英寸
（约99厘米 x190厘米）

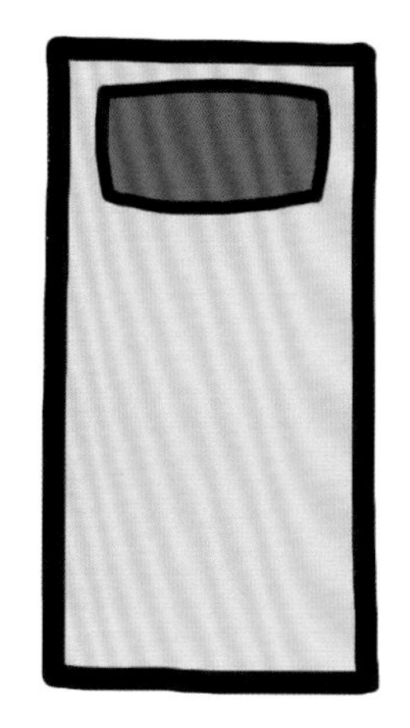

加大单人床

39英寸 x 80英寸
（约99厘米 x203厘米）

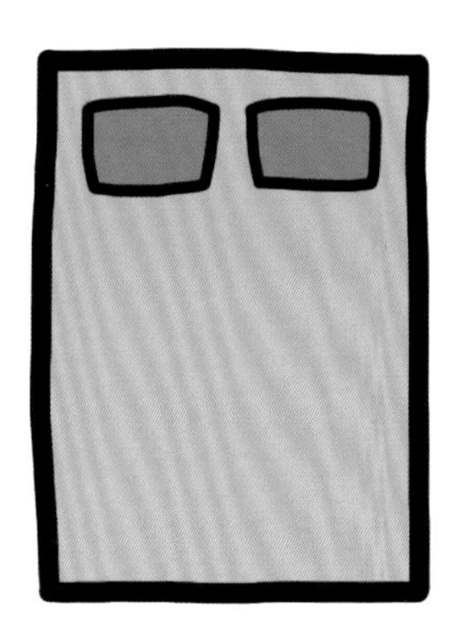

大床

54英寸 x 75英寸
（约137 厘米x190厘米）

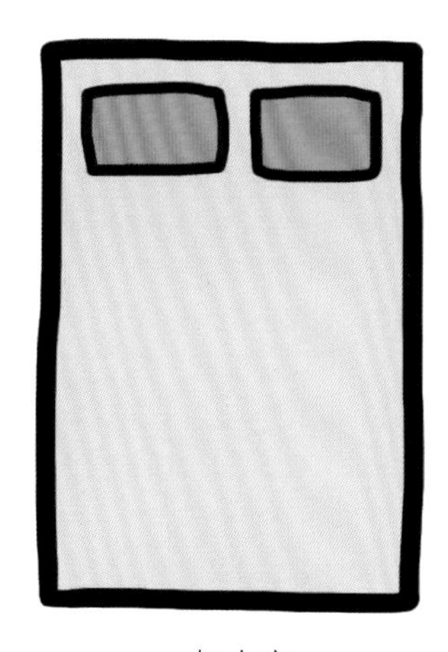

加大床

54 英寸x 80英寸
（约137厘米 x203厘米）

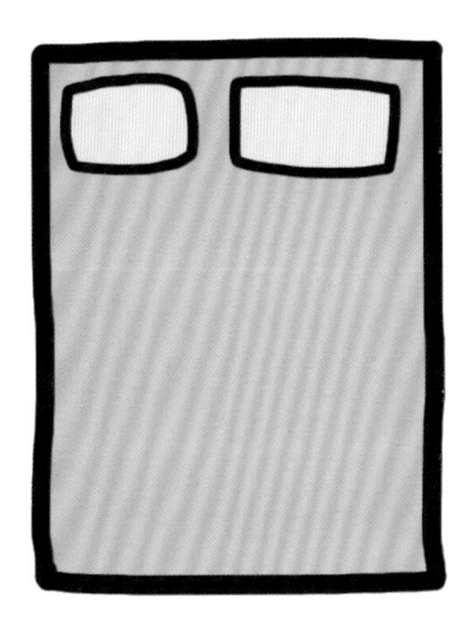

大号双人床

60 英寸x 80英寸
（约152厘米 x203厘米）

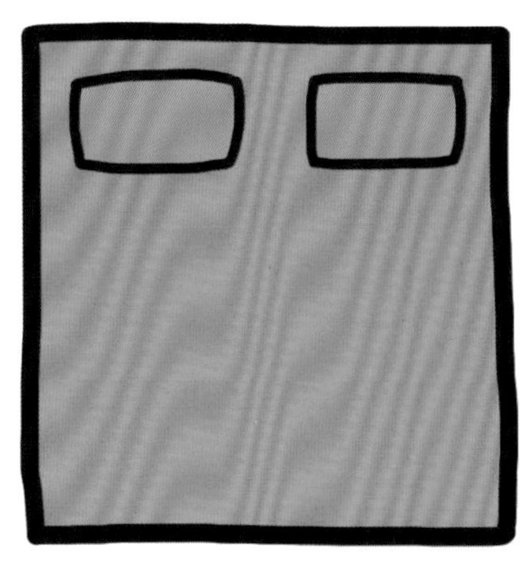

特大号双人床

76英寸 x 80英寸
（约193厘米 x203厘米）

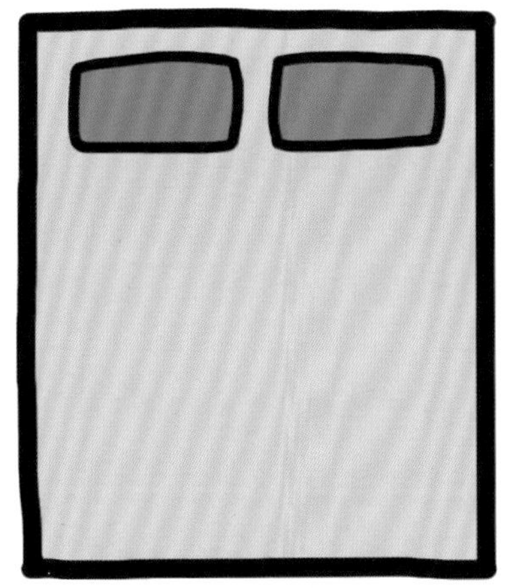

加利福尼亚特大号双人床

72英寸 x 84英寸
（约183厘米 x213厘米）

瓷砖和地毯

瓷砖的样式

瓷砖的样式和形状可以改变房间的外观和比例。简单的样式，如对缝或跳棋盘式适用于任何空间，也可用于引导视线聚焦在房间某一角落。人字形或编篮样式可用在角落，让小空间看起来更宽阔。分支或条形样式可用于隐藏瑕疵或大小不一的房间。

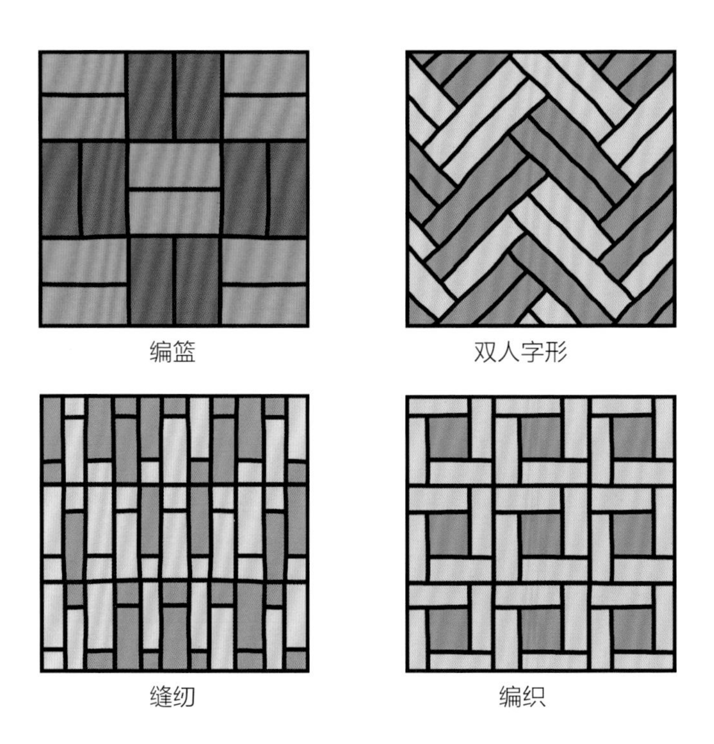

编篮　双人字形

缝纫　编织

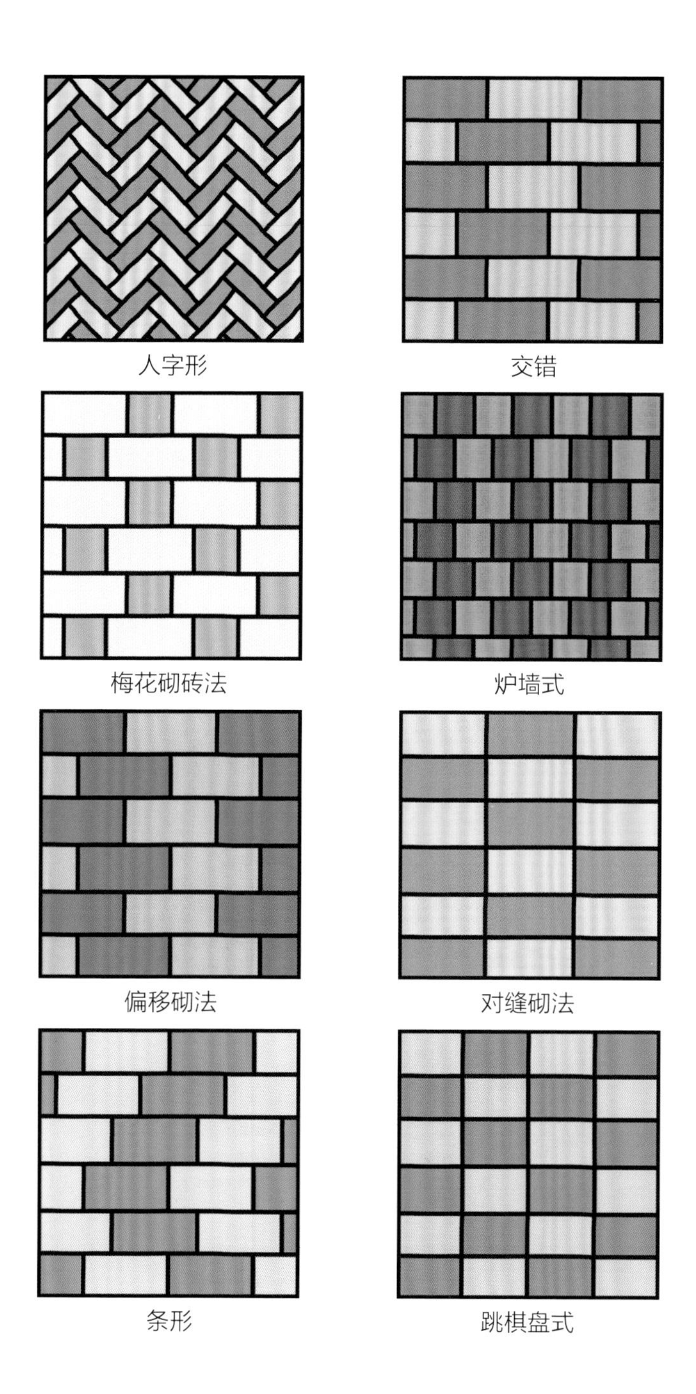
人字形
交错
梅花砌砖法
炉墙式
偏移砌法
对缝砌法
条形
跳棋盘式

客厅地毯的大小

选择客厅地毯的时候，要考虑就座区的大小，关键要看家具脚的位置。每个座椅（沙发、椅子）的脚应该全部在地毯上或全部不在地毯上，或者前排脚在地毯上、后排脚在地毯外。这样会让整个区域看起来和谐，连接在一起。如果经济上能够负担，最好的是地毯足够大，并且延伸出距离每个座椅后排脚1英尺（约30厘米）。

一般

中等

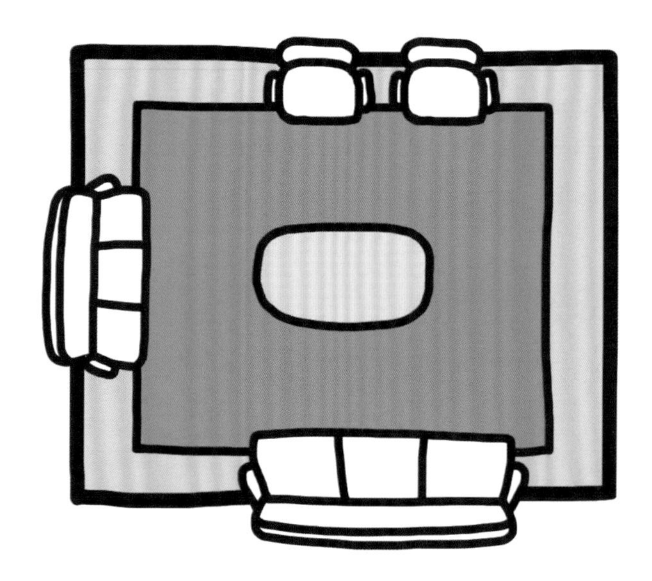

最佳

餐厅地毯的大小

对餐厅而言，最关键的是选择当餐椅全部拉出去的时候，能够让餐桌脚和餐椅脚都在合适位置的地毯。理想的餐厅地毯比餐桌边缘要长3～4英尺（91～122厘米），这样可使人感觉餐厅空间更宽阔。不过，如果选择小型的地毯，地毯形状和餐桌形状不同（如椭圆形的地毯配长方形的餐桌，或长方形的地毯配椭圆形的餐桌），视觉对比会让整体看起来十分有趣。

一般

中等

最佳

卧室地毯的大小

合适的卧室地毯会让人感觉无限舒适。最佳的卧室地毯大小和位置，可依据下床直接落脚的地方确定。在床边可以放小地毯，也可以放更大的地毯，覆盖整个床和床头柜的放置区域。大地毯非常昂贵，然而卧室地毯的理想大小就是能延伸至每个床头柜外至少1英尺（约30厘米）和床边缘外或床底其他家具放置区域外至少2英尺（约61厘米）。

一般

中等

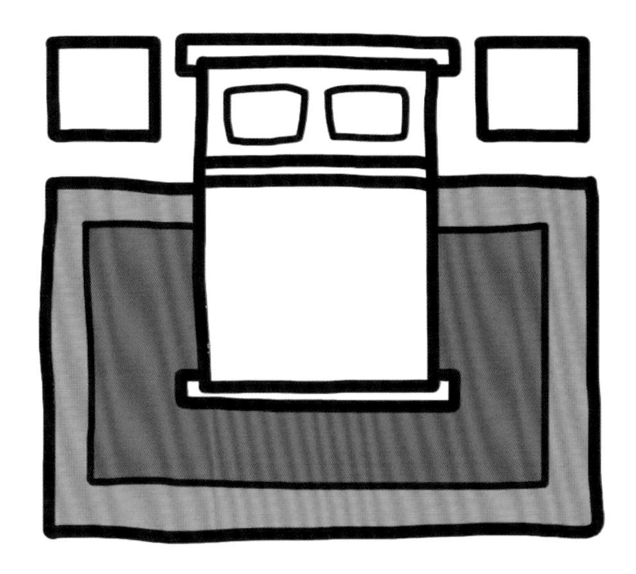

最佳

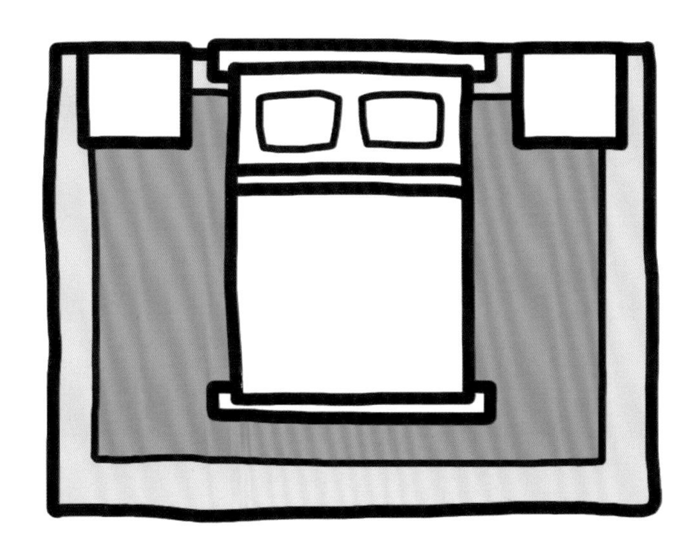

地毯词汇

丙烯酸：一种合成纤维，用于编织类羊毛地毯。类羊毛地毯造价更便宜，但是耐用性比不上真正的羊毛地毯。

全花纹设计：地毯中央没有圆形设计，整块地毯由一种图案覆盖，通常更有现代感。

浮雕绒毛：有雕刻图案和厚绒毛的地毯。通常见于中国地毯。

棉花：棉花制造的地毯很柔软，耐用性较好，通常可机洗。

手纺纱棉毯：起源于印度的一种较厚的、平整编织的棉毯，耐用，风格和图案多样。

平整编织：使用织布机编织而成，而不使用拉扣或毛饰。这种地毯没有绒毛，耐用且可两面用。

手工拉扣：依赖人工一针一线地在经纱线周围打结，整张地毯都要打结。用这种方法制造的高质量地毯往往会更昂贵。

钩针编织：用于制造簇绒地毯，毯面是圈绒而不是割绒。

黄麻：用于编织地毯的天然纤维，质地比羊毛或棉更柔软，耐用性好。

基里姆：平整编织的地毯，通常可以两面用。

团花地毯：传统东方地毯，其中心设计的式样通常是对称的。

套染：最初的羊毛毯是经过漂白、用鲜艳的色彩使地毯过饱和等步骤制作而成的。通常还可以隐约看到最初的式样。

绒头：用于描述地毯纤维密度和长度的术语。多绒的地毯比较柔软，低绒的地毯更为耐用。

真丝：通常用于和羊毛混合，给地毯增添独有的光泽。

剑麻：类似于黄麻的天然纤维，用于编织比羊毛毯或棉毯更柔软的地毯，十分耐用。

簇绒：地毯制作工艺，包括在底布上植入纱线形成毛圈，可手工制作也可机械栽绒。

黏胶纤维：人工合成材料，用于仿制真丝地毯。通常易脱落，价格低廉，不耐用。

羊毛：具有多种用途的材料，可用于制作质地柔软且极其耐用的高端地毯。羊毛易上色，可以制成很多种类型的地毯，范围涵盖平整编织地毯和多绒地毯等。

门窗

门的类型

室内门的形状和风格取决于各个房间的功能和大小。折叠门和滑门在狭窄的内部空间比较常用，如走廊和衣柜。全板门和法式门用于空间宽敞的通道。室内门的形状和风格注重装饰性和安全性。玻璃（或彩色玻璃）做的门通常安全性较低，但是采光更好。

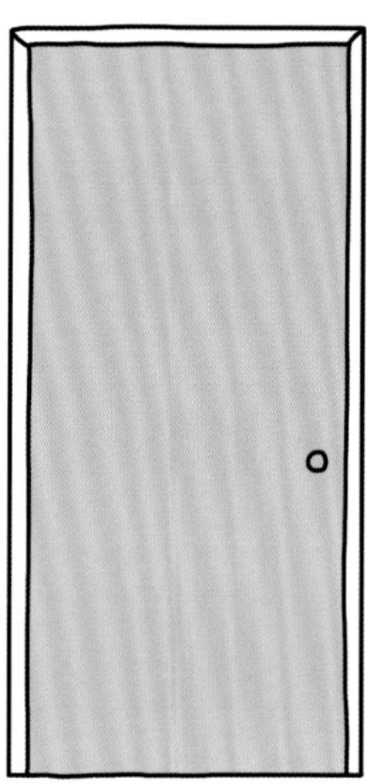

全板门

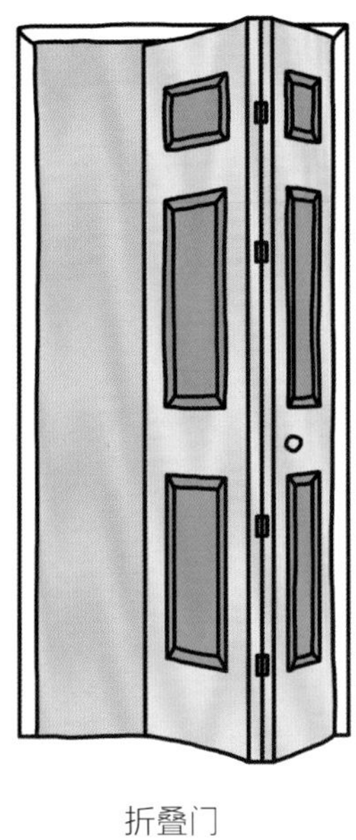

折叠门

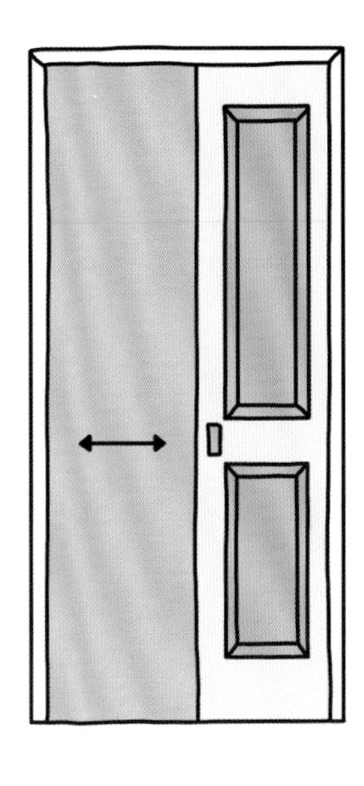

滑门

法式门

室外门

四镶板

半玻璃

六镶板

四分之一玻璃

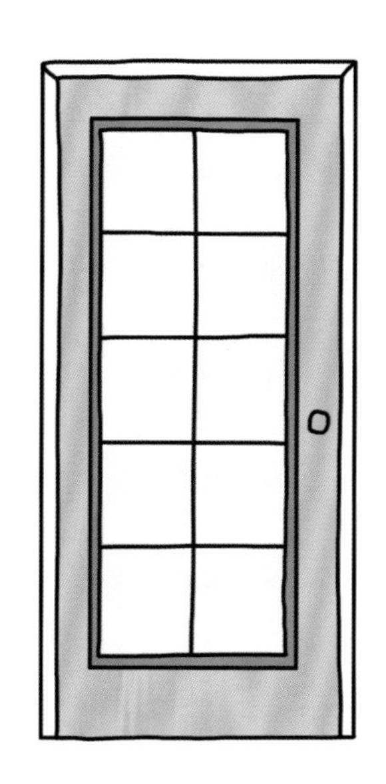

全玻璃

如何给门刷漆

镶板门是室内和室外都很常用的门类型，因为其足够厚，细节丰富。

门的垂直镶板（图1、图2、图4）叫做竖梃，水平镶板（图3）叫做横梃。专业上漆的基本准则是从中间往外刷。

1. 首先，给镶板和装饰板条刷漆。
2. 其次，从上往下给中间的竖梃刷漆。
3. 再次，给所有横梃刷漆。
4. 最后，给整扇门的边缘部分刷漆。

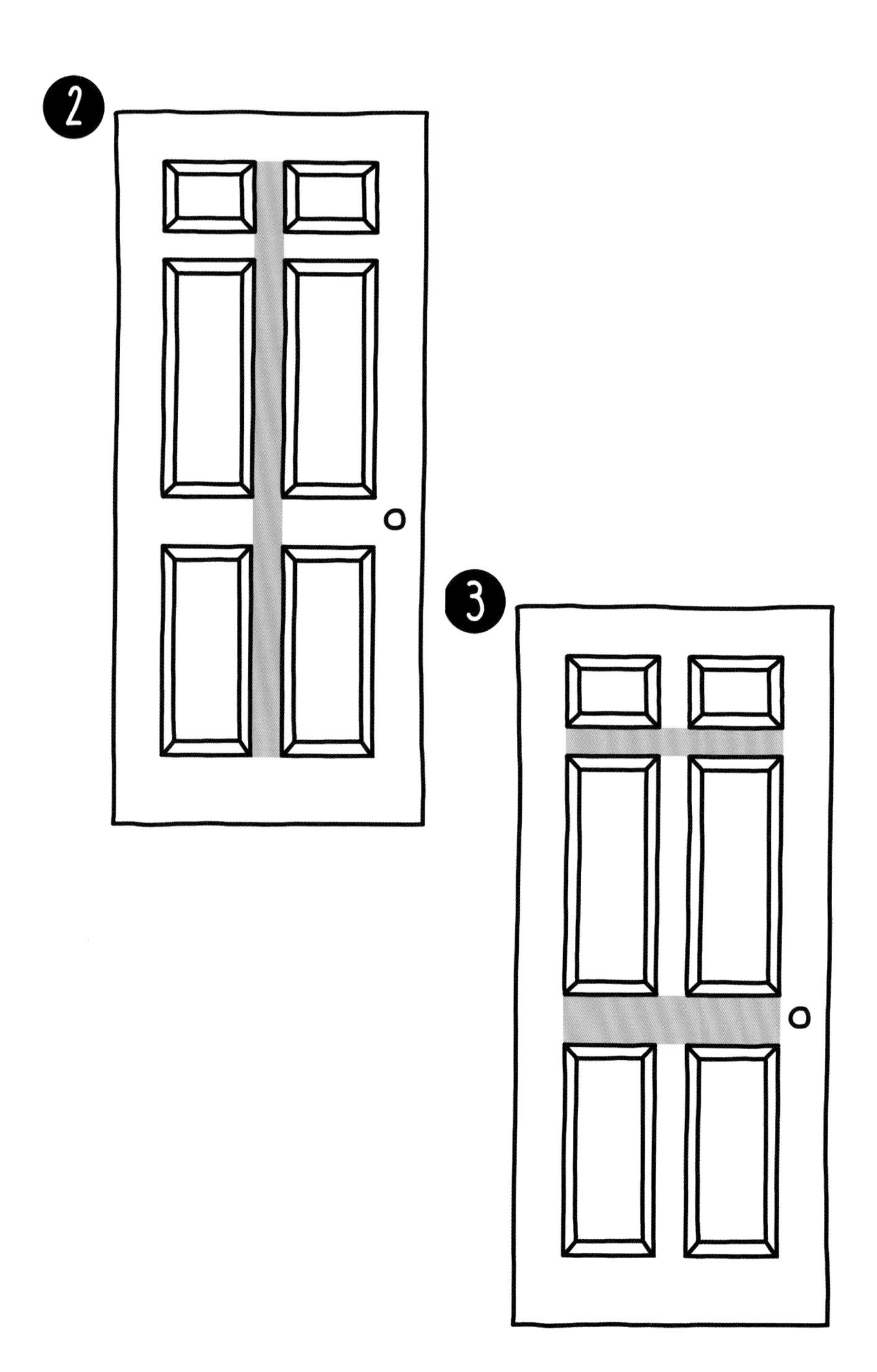
2
3

专家提示：

刷漆要沿着木纹刷，虽然木纹是假的，但是这样会让漆纹整齐且自然。刷漆之前确保门的清洁。油漆会让瑕疵凸显，如果刷漆的门有破损，那么会容易掉漆。如果将整扇门拆下来放平刷，就能避免油漆往下滴。虽然这会花费额外的时间，但是最后的刷漆效果会好很多。

基本窗户类型

大多数居室里有多种类型的窗户，这取决于房间的位置和功能。铰链的位置（如果有的话）和开窗的方式决定了窗户的类型。单悬窗和双悬窗看起来更加传统，价格通常比从侧面打开的平开窗便宜。双悬窗的上下框同时打开时，可以有天然的对流。平开窗打开时，通风最佳，关上时有隔绝作用，可以降低噪声。固定窗不能开启，因此比起其他类型的窗户，它有更好的隔绝作用并且可以获得更多自然光线。

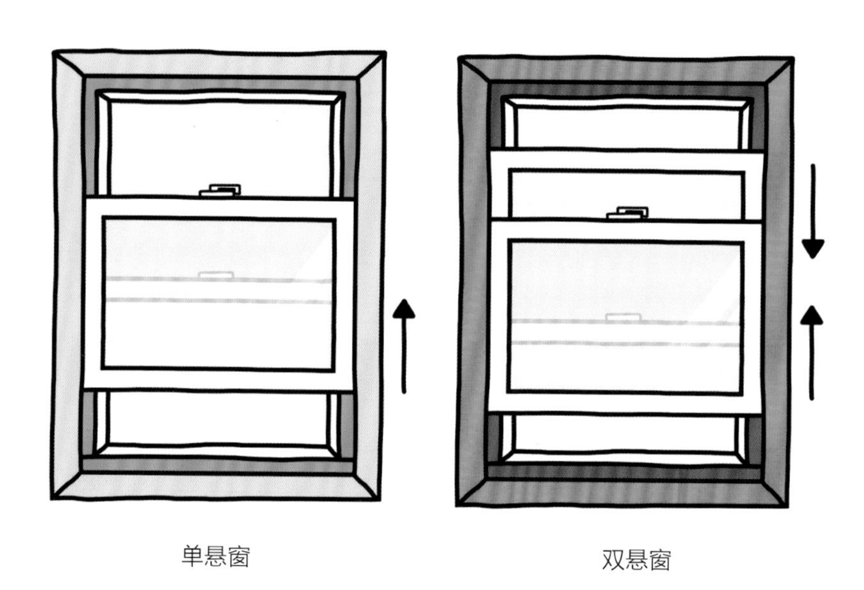

单悬窗　　　　双悬窗

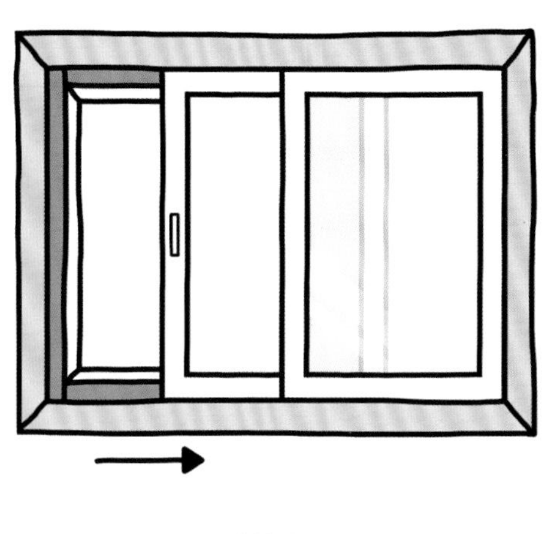

推拉窗

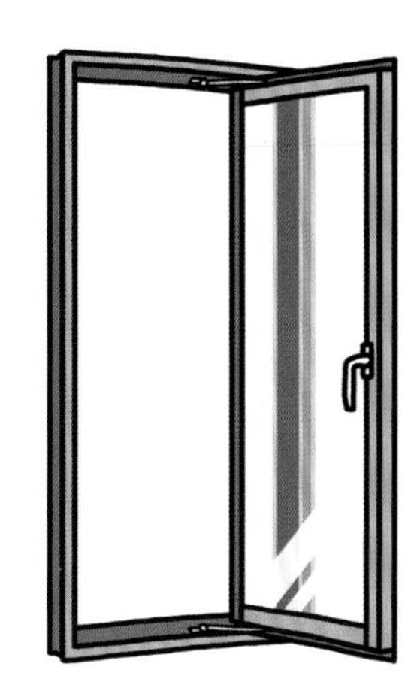

平开窗

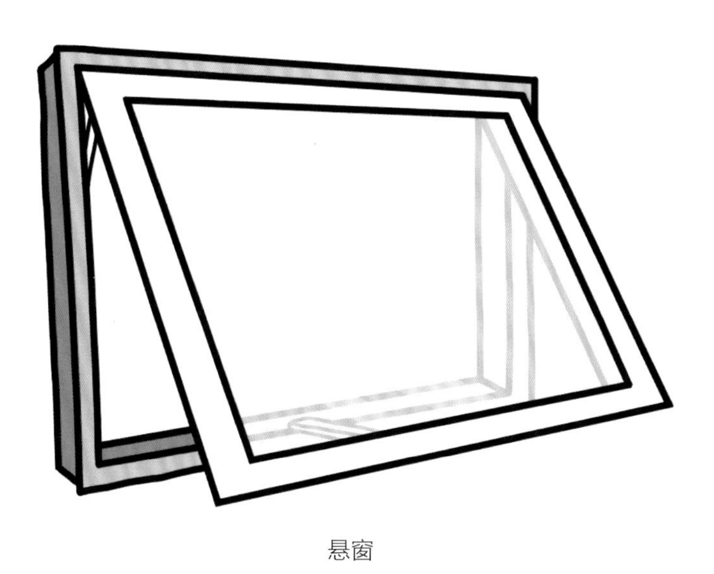

悬窗

法式窗

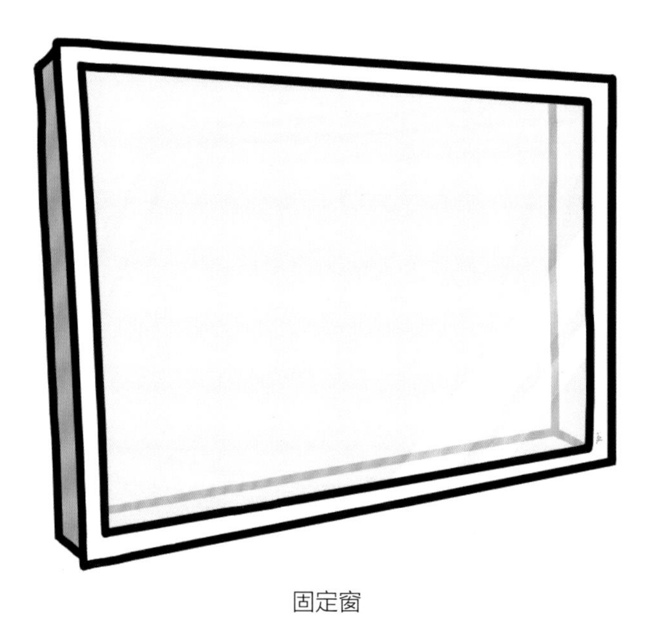

固定窗

铅条玻璃窗的类型

铅条玻璃窗或有槽铅条玻璃窗是制作工艺较为简单的玻璃制品，可将小块玻璃拼接成大的装饰窗户。这种类型的玻璃在二十世纪早期的家庭和别墅中非常普遍，如今这个时代仍然可以在很多家庭中找到，也可在旧货店中作为独立的装饰品。

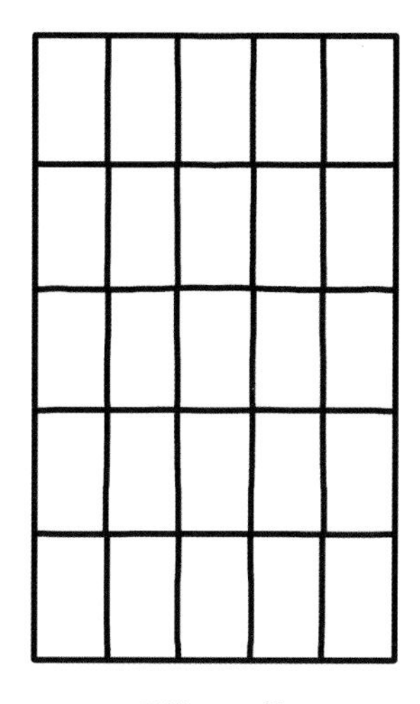

乔治亚风格

菱形

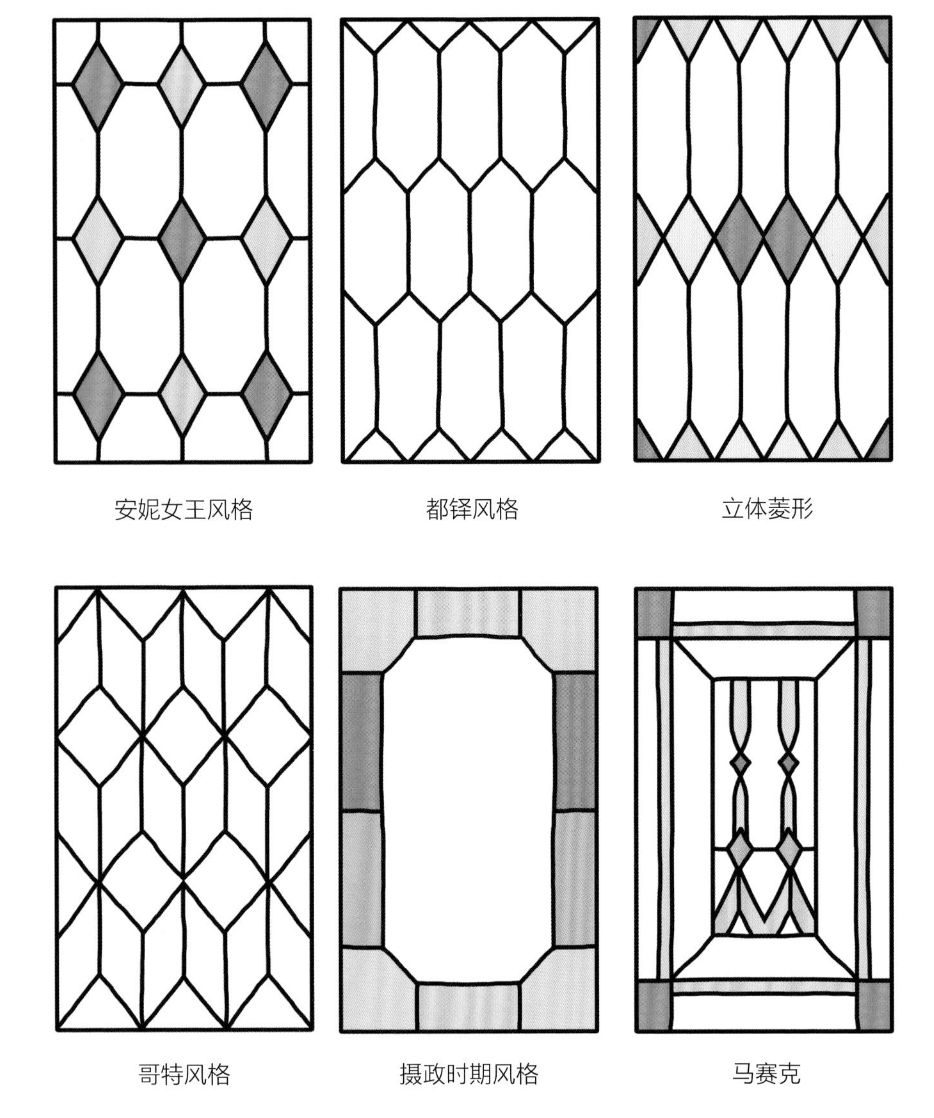

安妮女王风格
都铎风格
立体菱形
哥特风格
摄政时期风格
马赛克

百叶窗的类型

百叶窗很好地保护了房间里的隐私，也没有窗帘的杂乱感觉。选择什么类型的百叶窗主要来说就是根据自己的偏好。不过房间里多个窗户使用垂直的厚百叶窗会让房间看起来更小或更拥挤。

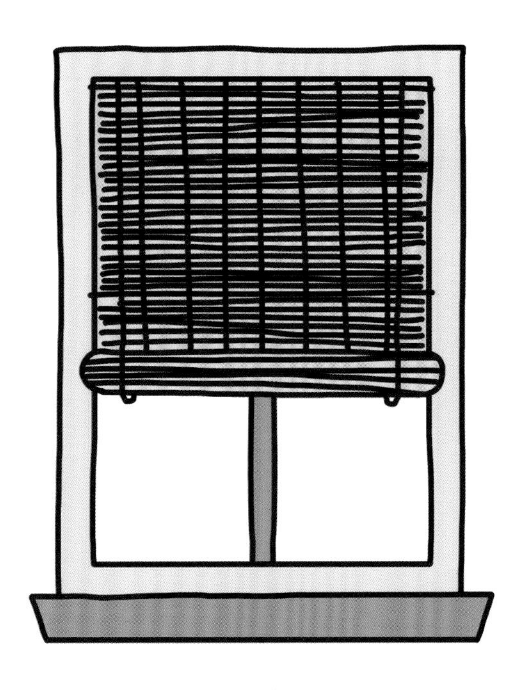

竹帘

威尼斯风格

迷你威尼斯风格

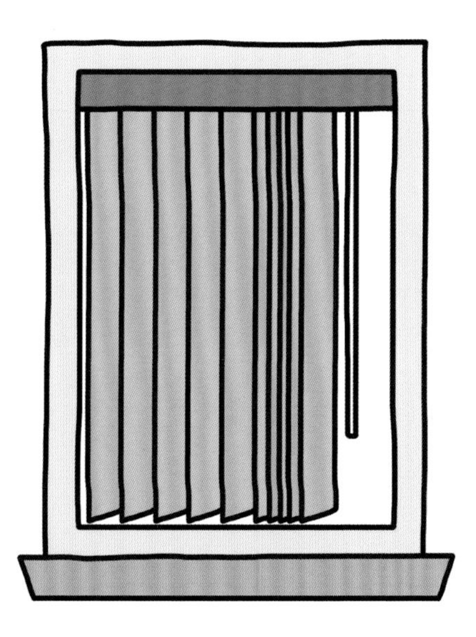

垂直

遮阳帘的类型

就像百叶窗，选择什么类型的遮阳帘，是出于自己审美的选择，而不是出于功能性的考虑。

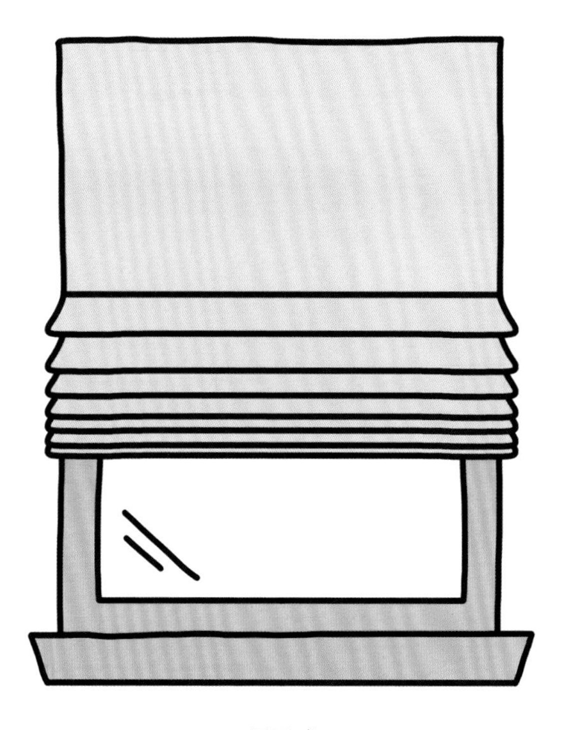

罗马式

抽带式

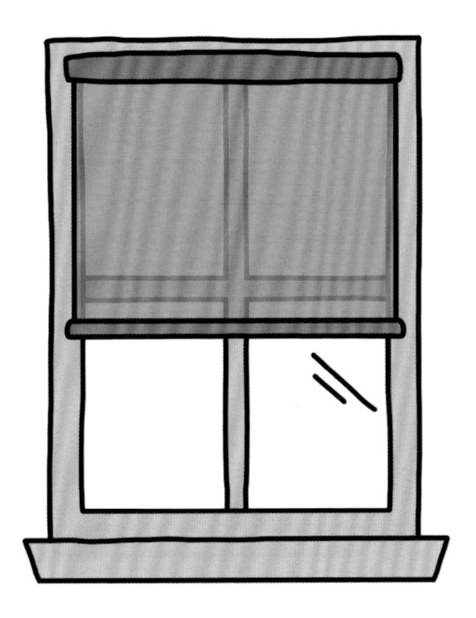

卷帘式

拉窗帘的方式

拉窗帘的方式取决于窗户的形状和大小，以及你想要的空间光亮程度。拉窗帘的方式并没有对或错，内拉和外拉两种方式各有优缺点，并且有些窗户只适合采用某一种拉窗帘方式。

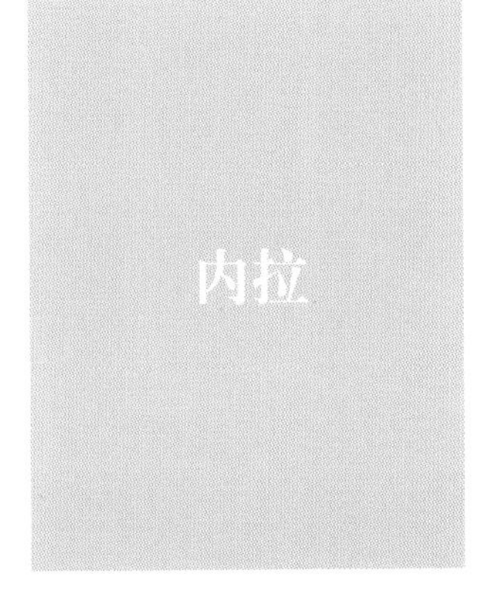

内拉

优点： 对于有漂亮装饰的窗户，在窗框之间拉窗帘的方式可以很好地展示窗台，只要窗框足够深便于拉窗帘。这样还会使人感觉空间更大，因为遮阳帘没有占用额外的空间。

缺点： 如果想要完全遮住光线，这种方式不是最理想的，因为在遮阳帘和窗框之间可能有缝隙。对于高度尺寸稍小的窗户，升降帘拉起的时候可能会阻挡视线，因为窗帘全部卷在窗框顶部。

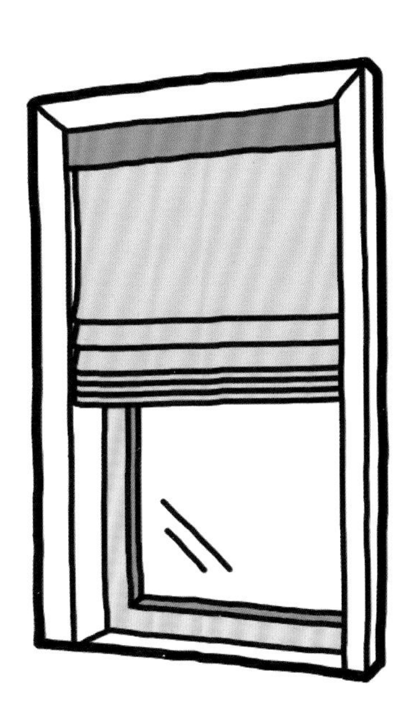

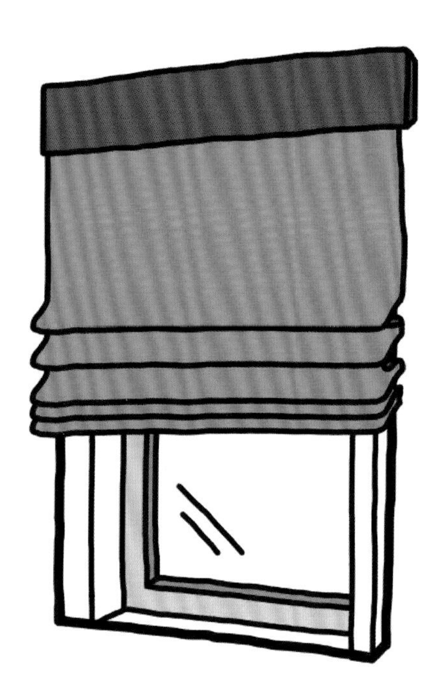

缺点： 这种外拉方式占用了墙上的更多空间，会让空间在视觉上变小。如果窗帘是深颜色的，就会使空间显得更小。

优点： 在窗框外部拉窗帘，会让窗户看起来更大，并且光线能够全部射进房间。如果窗框没有什么装饰，这种拉窗帘的方法可以为空间增添额外的风情。

窗帘的类型

可根据你的偏好选择窗帘，吊带窗帘和打孔窗帘更有现代感，穿杆窗帘和打褶窗帘则更有传统感。

吊带窗帘

穿杆窗帘

打孔窗帘

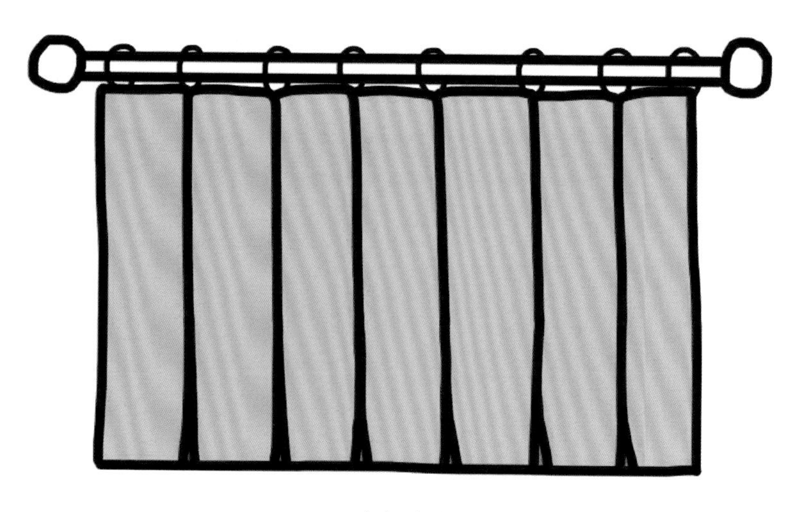

打褶窗帘

艺术墙

面漆

光泽

明亮面

如同镜子般反光，容易显露瑕疵，但非常适合家具或摆设精致的物件。

半明亮面

高反光、特耐用、易于清洁，多用于装饰板条和橱柜。

光滑面

反光、耐用、可清洁，适合用于厨房、卫生间和儿童房。

蛋壳面

粗糙面伴有微微的光泽，能稍微反光，不易于清洁，适合用于卧室和客厅。

平面

粗糙、吸光、容易变脏，适用于天花板。

暗沉

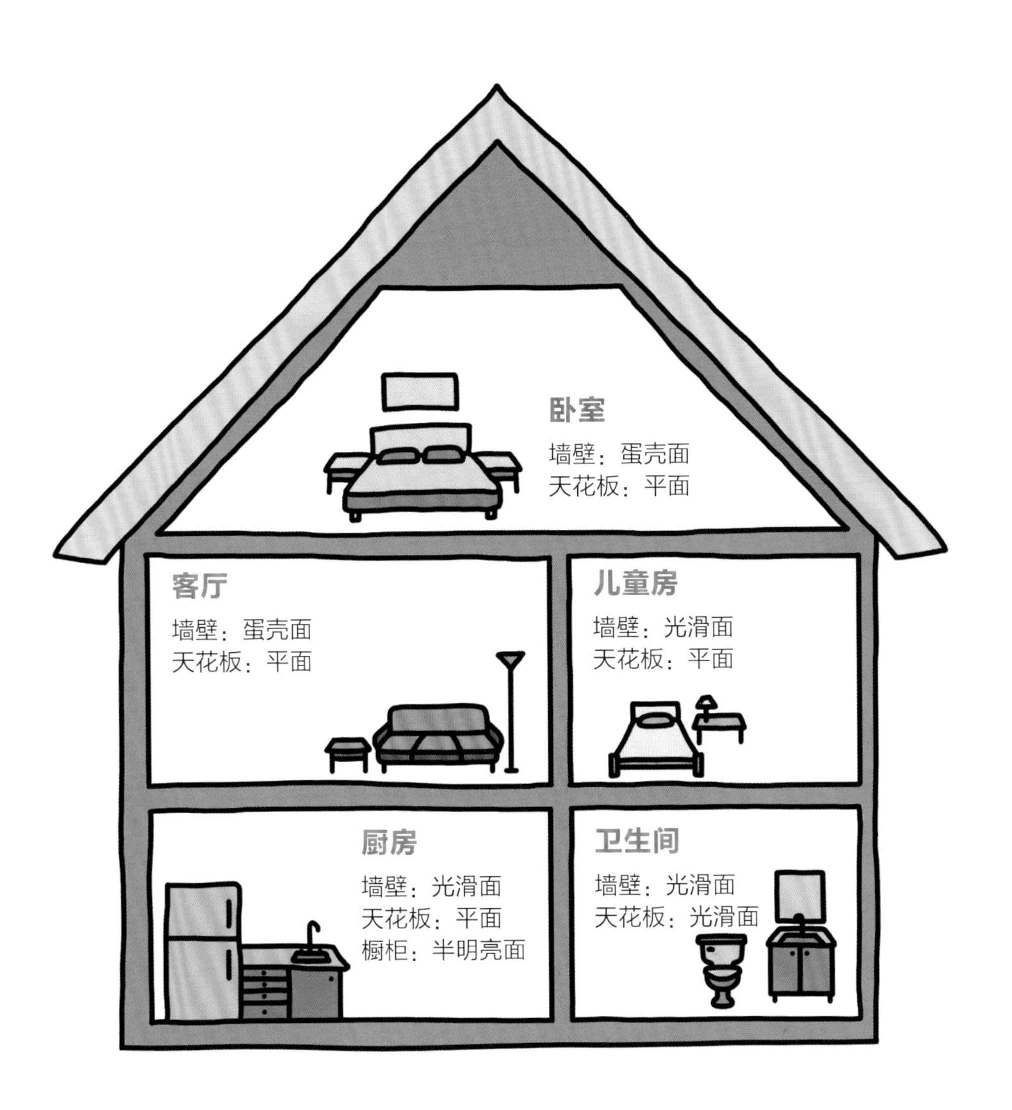
卧室
墙壁：蛋壳面
天花板：平面
客厅
墙壁：蛋壳面
天花板：平面
儿童房
墙壁：光滑面
天花板：平面
厨房
墙壁：光滑面
天花板：平面
橱柜：半明亮面
卫生间
墙壁：光滑面
天花板：光滑面

装饰板条图

1. 顶部线条
2. 凹圆线脚
3. 靠椅护墙板
4. 踢脚板压顶条
5. 踢脚板
6. 踢脚板底缝压条
7. 门饰条
8. 墙角护条

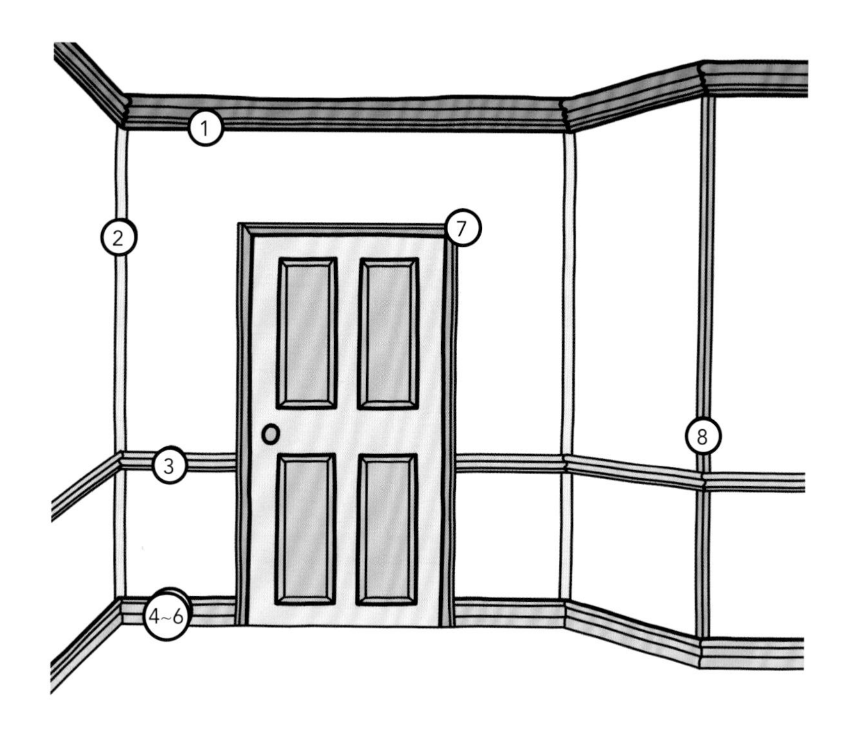

装饰板条的类型

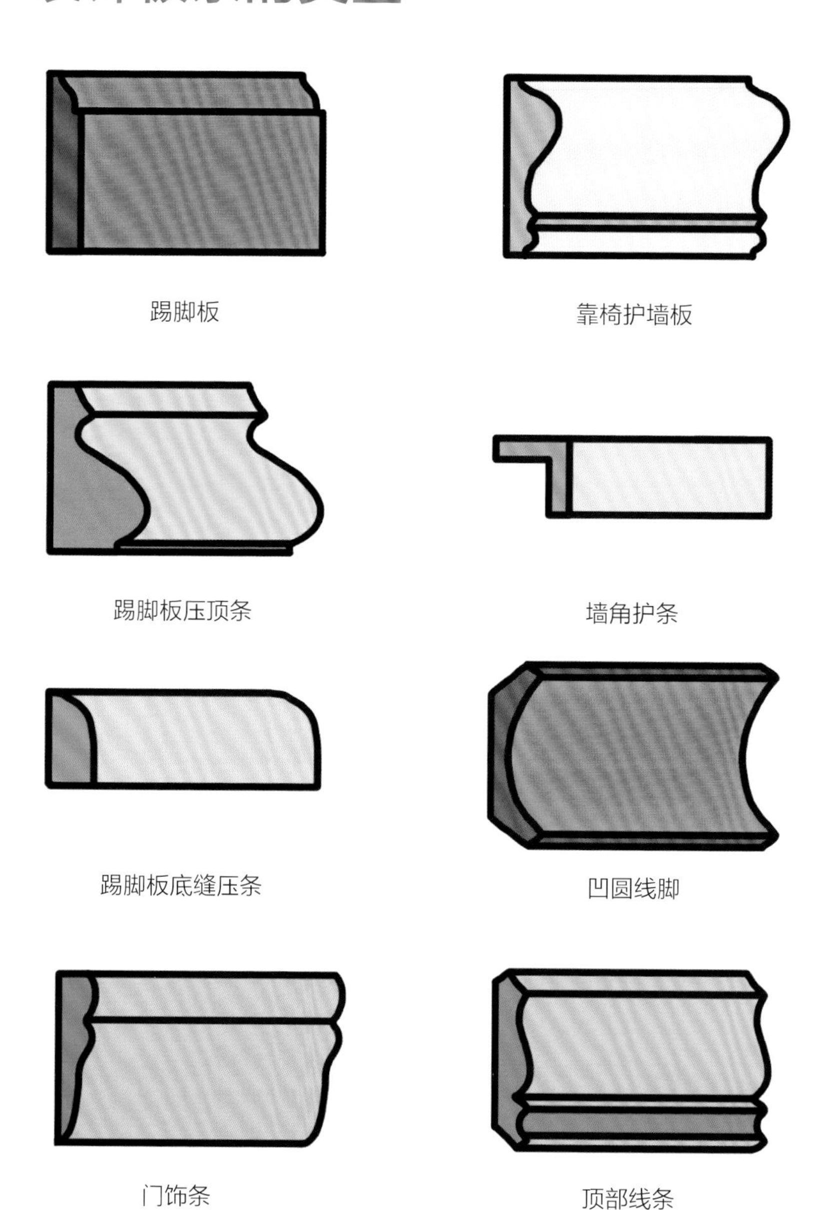

艺术墙101

打造艺术墙最容易的方式就是悬挂艺术品，无论是围绕一条中线悬挂（图A），还是在规定空间内布置（图B）。艺术墙的长度至少是它底下主要家具长度的三分之二。为了外观上的多样化，可以采用不同颜色、大小和形状的画框和艺术品。为增加统一性，至少一半的艺术品或画框应该采用相近的颜色。

图A

图B

专家提示：

在悬挂艺术品时，为了确保整齐，可以用蓝色画家胶带标示出中线的位置或艺术品的计划悬挂位置。

艺术墙布局

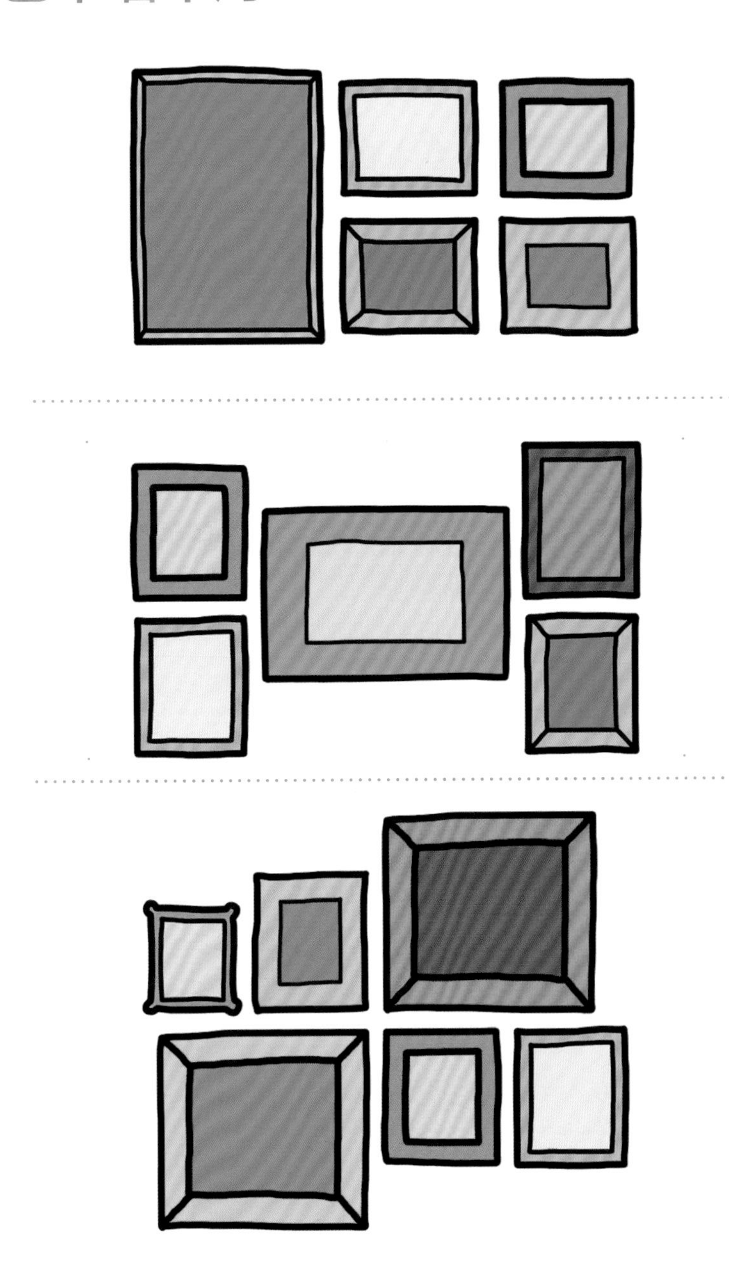

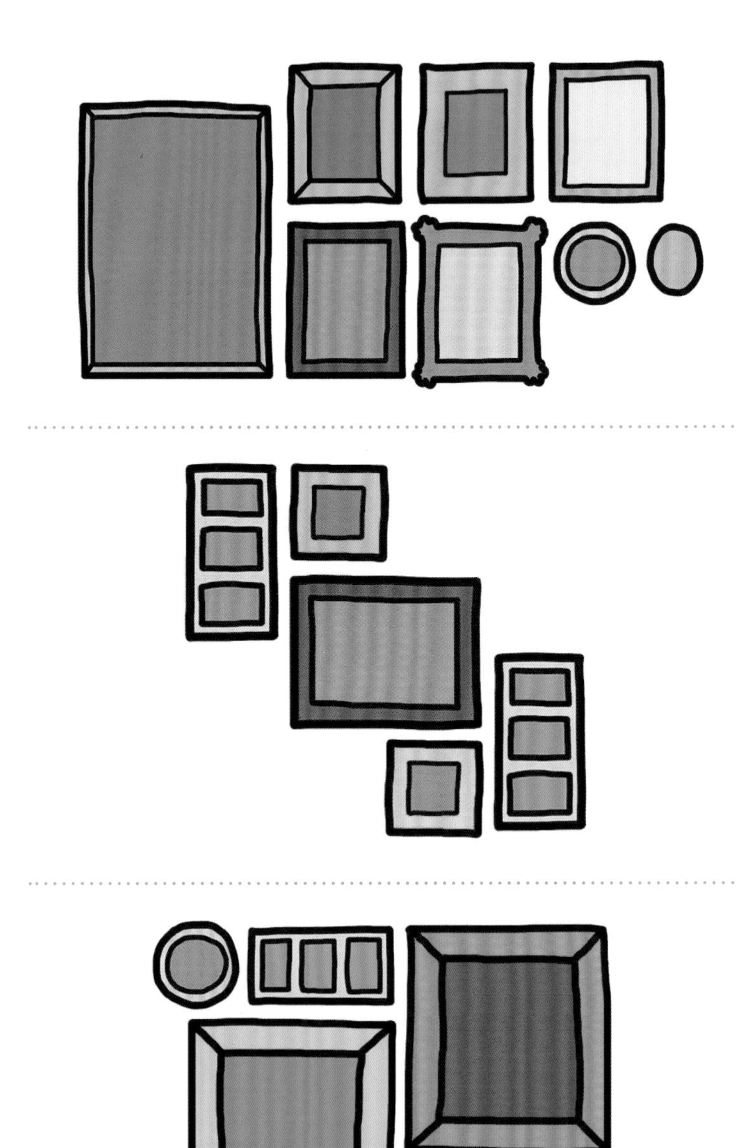

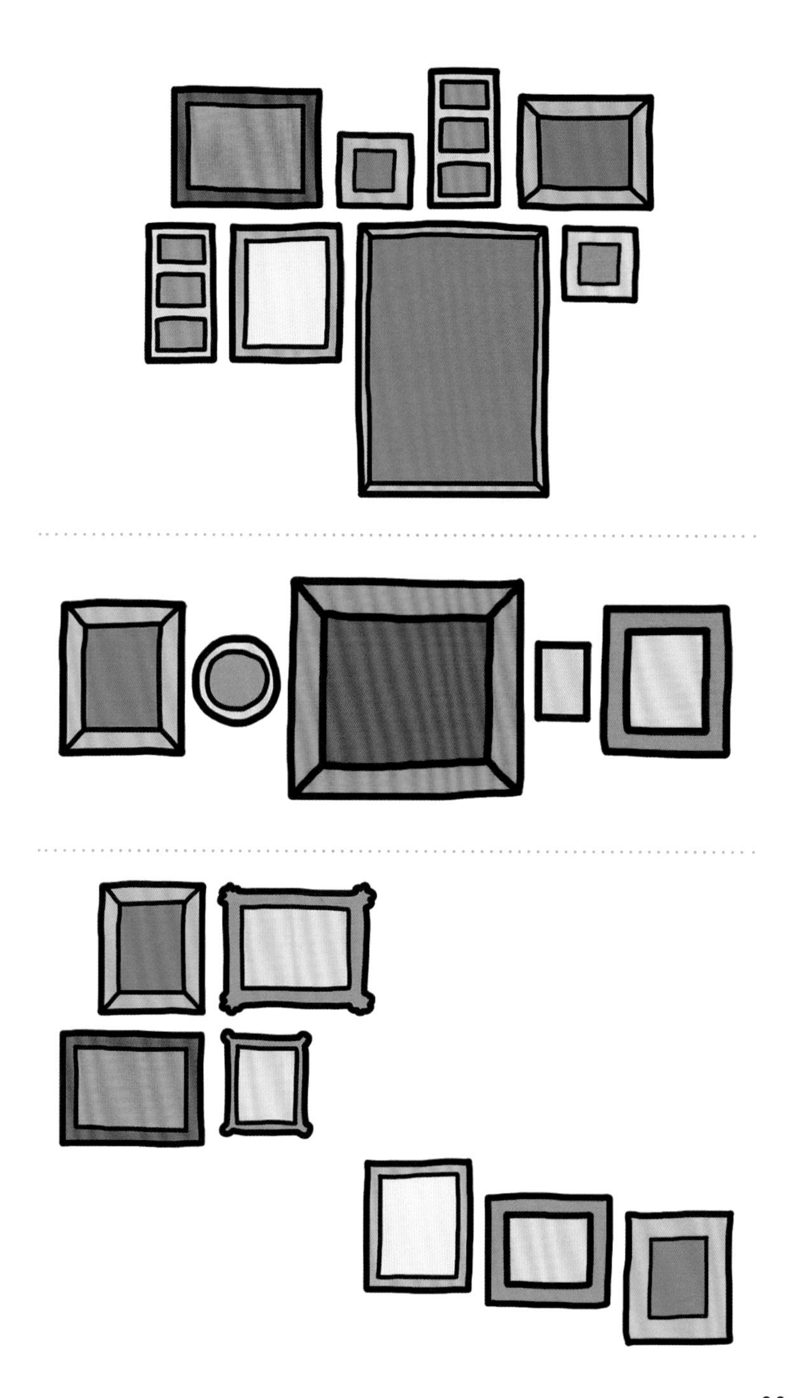

艺术品悬挂高度

在任何空间里，艺术品的理想悬挂高度更大程度上取决于艺术品本身，而不只是墙体大小。艺术品的中间点应该距离地板至少58英寸（约147厘米）。当然，也有例外情况，如果艺术品底下有家具，如沙发或床，艺术品应该至少高于这些家具顶部边缘6~8英寸（15~20厘米）。如果家里的墙体非常高，艺术品可以悬挂到高一点的位置以填充空间。

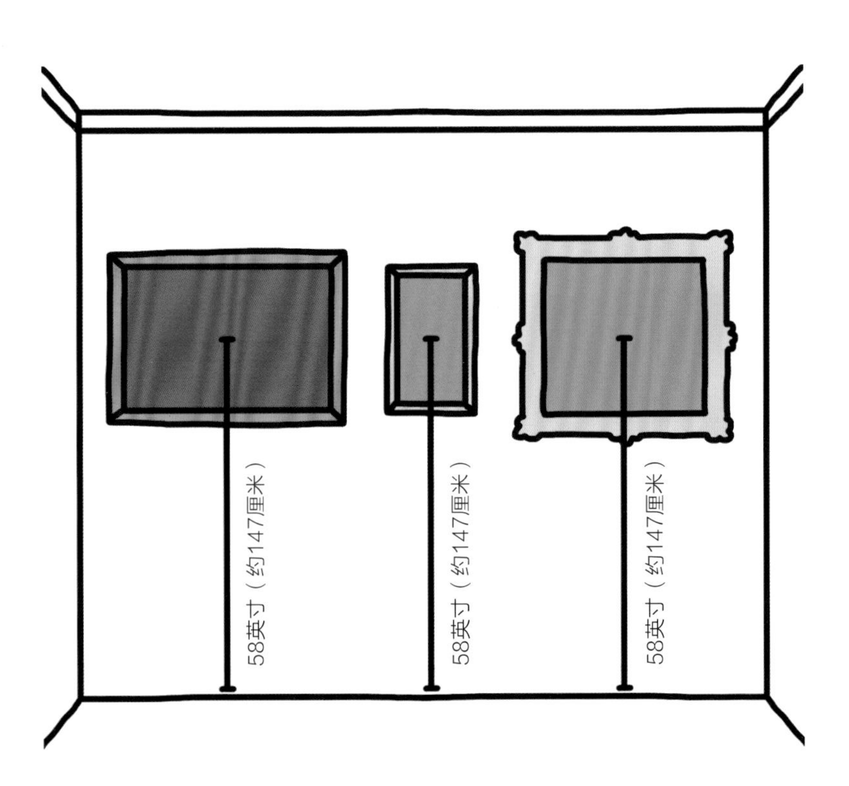

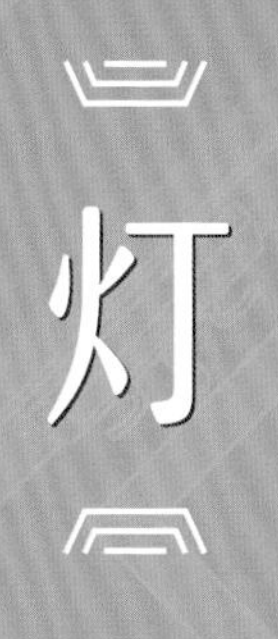
灯

灯的类型

选择什么类型的灯事关品位，而在特定的空间，需要什么类型的灯事关功能。天花板上的灯，如枝形吊灯、单头吊灯和吸顶灯，可以为更大的空间提供照明。烛台风格台灯和其他小型灯可以提供装饰照明。台灯、落地灯、工作台灯是为特定空间和功能服务的，例如阅读。大多数房间在其不同的区域需要组合使用多种照明灯。

枝形吊灯

烛台风格台灯

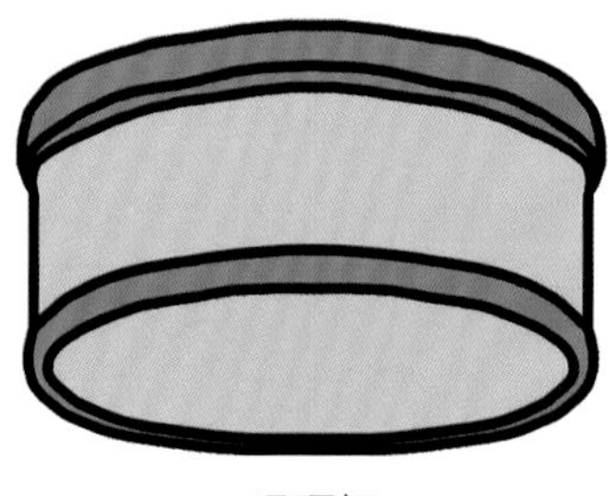

吸顶灯

单头吊灯
台灯
落地灯
工作台灯

灯罩的类型

测量灯罩的三个重要数据：顶端直径、底部直径和高度。理想的灯罩类型和大小取决于灯座的类型和大小、灯泡的功率，以及灯的位置。灯泡功率越高，灯泡越需要远离灯罩。大多数灯罩上标明了可以承受的灯泡最大功率。

现代风格

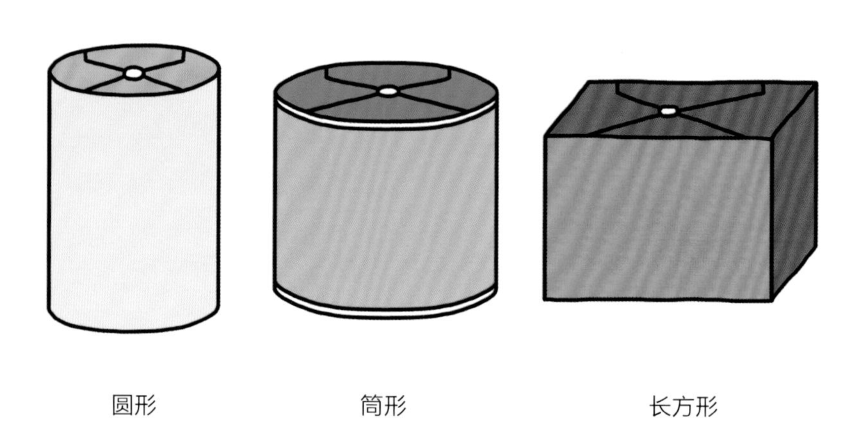

圆形　　筒形　　长方形

过渡风格

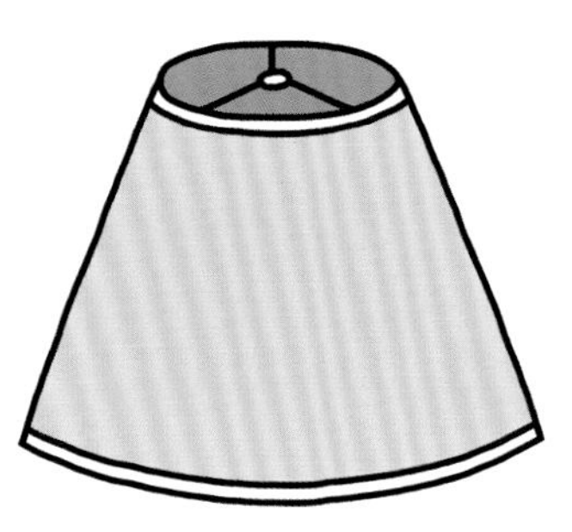

圆头锥形

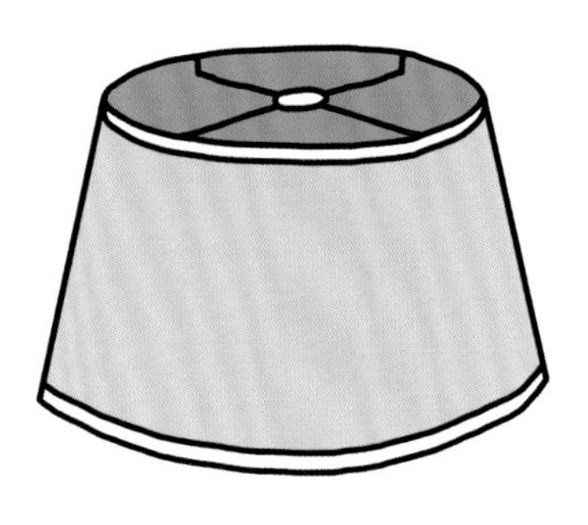

锥形筒状

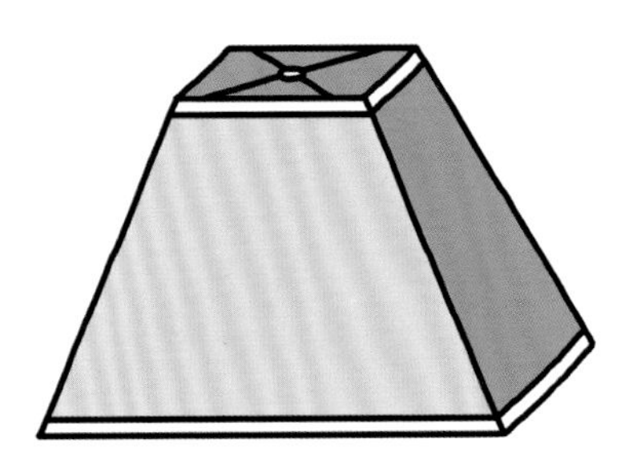

方头锥形

经典风格

铃铛形

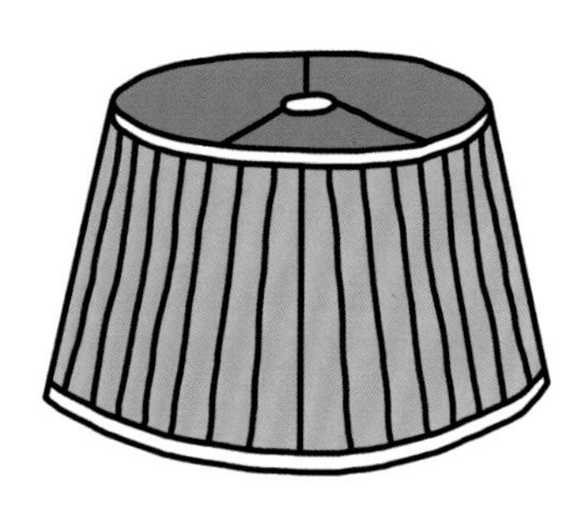

英式百褶形

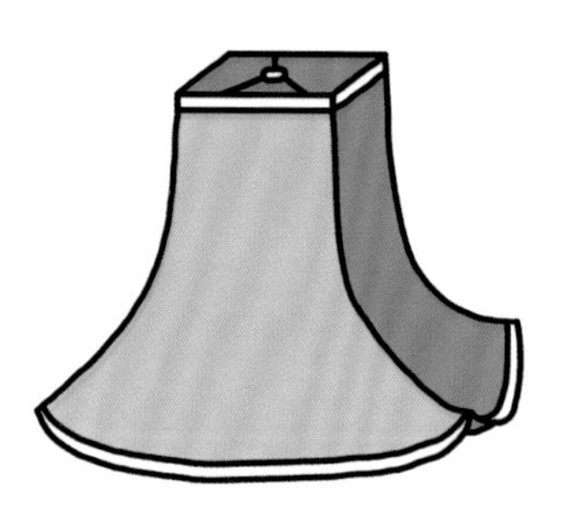

塔形

荷叶边形

台灯的类型

台灯的最佳高度是底座高度的三分之二。如果底座厚实，灯罩的宽度应该是底座宽度的两倍。放在小桌子、矮桌子或床头柜上的台灯灯罩应该更小一些，避免发生碰撞。底座设计越简单，适配的灯罩就越多。圆形或较大的底座配经典风格的灯罩更适合，而方形或较小的底座配现代风格的或方形的灯罩更适合。

烛台风格台灯

现代风格台灯

工作台灯
中世纪风格台灯
蒂芙尼台灯
茶壶形台灯

落地灯的类型

落地灯没有最理想的大小，准则是不能看到开关。在休息区域旁边的落地灯应该至少高于其旁边家具1英尺（约30厘米）。

弯弧落地灯　　上照式落地灯

会所落地灯

医用落地灯

直塔形落地灯

树形落地灯

吊灯的高度

布置在家具上面的单头吊灯或枝形吊灯要足够低，以照亮下面的家具放置区域。它们可以挂得比其他灯更加低，因为没有人会从底下走过。在就餐区，照明设备应该高于餐桌30～34英寸（76～86厘米）。厨房岛台上面的照明设备底部应该高于台面30英寸（约76厘米）。茶几上面的灯要挂得足够低，应距离地面5～7英尺（152～213厘米）。大型的照明设备要挂得足够高，要比家里最高的成员还要高以避免碰撞。

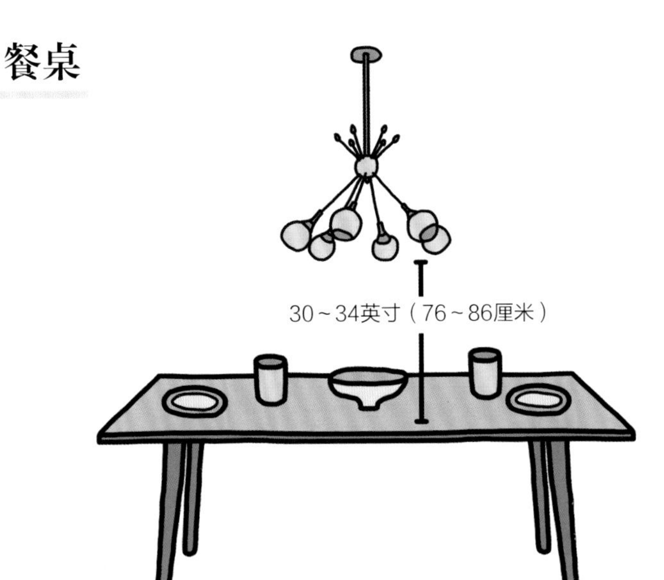

厨房岛台

客厅

需要照明的地方

除了前面提到的明显的区域，家里还有很多需要照明但您还没有想到的小空间。要想知道家里还有什么地方需要额外照明，可以先将家里的灯全部打开，然后寻找还有阴影或黑暗的地方，像衣柜、橱柜下方、楼梯边。直立或装饰镜子通常没有足够的照明，如果在镜子旁边加上额外的灯，不仅能使镜子更好地发挥功能，而且镜子能反光并照亮房间的其他地方。

大门两边

橱柜下方

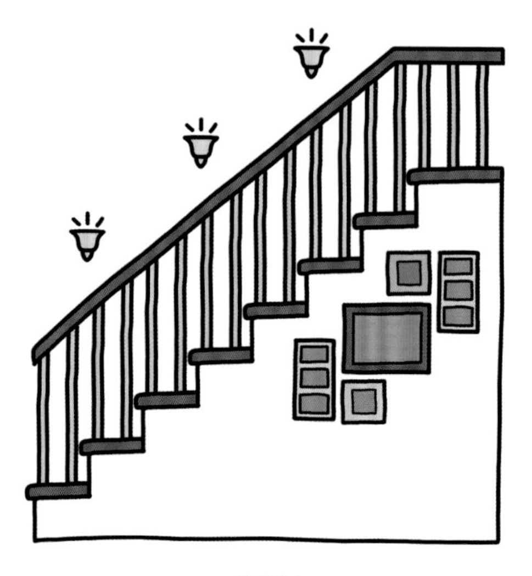

楼梯边

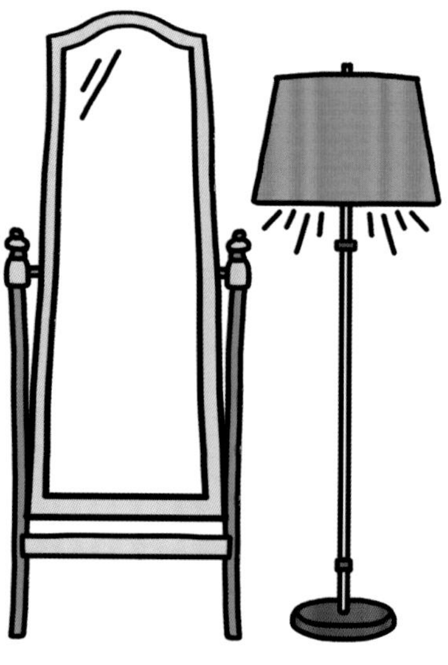

镜子旁边

衣柜里面

洗手间照明技巧

洗手间的照明非常重要，因为出门前要在这里洗漱等。最糟糕的做法就是在洗手间顶部安装一般的吊灯或吸顶灯，这样会产生不好看的阴影和扭曲线条。好一点的办法是在镜子上方安装灯管或多个灯泡，这样可以保证灯光照到各个地方，避免产生阴影。最佳的方法就是在镜子两边安装烛台风格台灯，高度与眼睛同高，或者距离地面65英寸（约165厘米）。

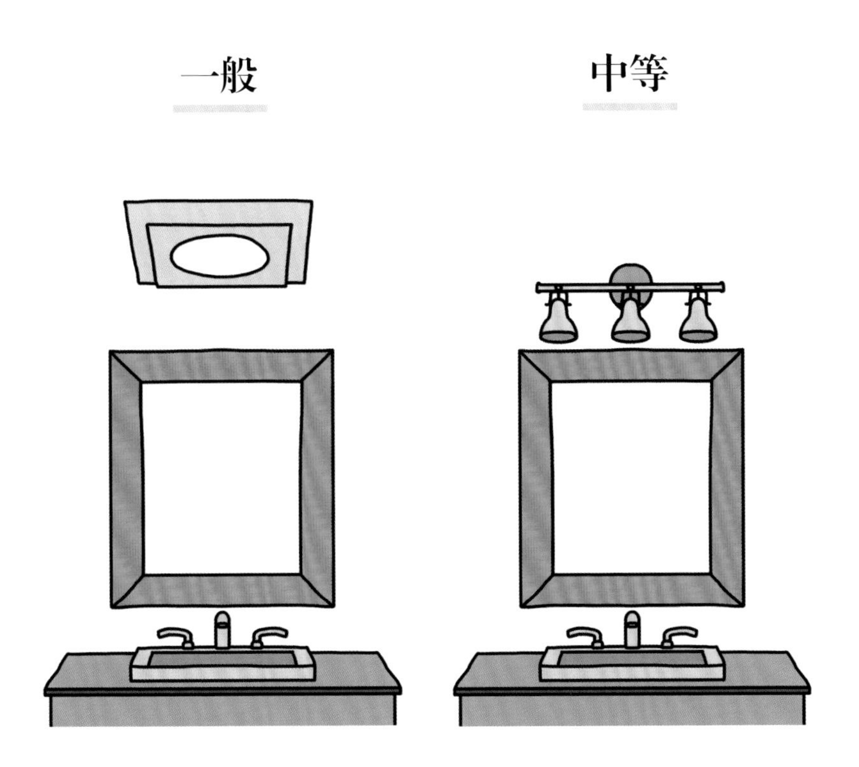

最佳

灯的零部件

如果感觉灯太矮了，一个既省钱又有效的解决方法就是换高一点的灯罩支架，通常可以在五金店或灯具商店买到。虽然理想的灯罩高度是底座高度的三分之二，但是有时候底座增加几英寸的高度可以大大不同，灯光可以照到家里更多的区域。只需要保证灯罩支架还是能被灯罩完全覆盖就可以。

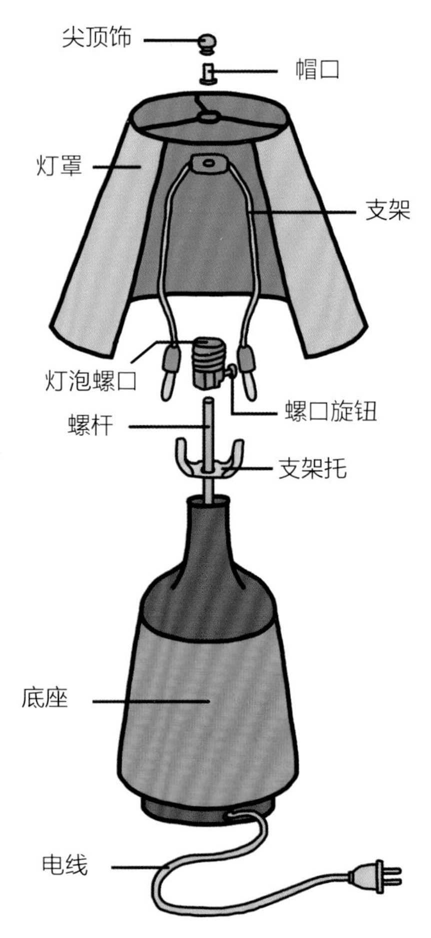

五金和用具

柜子把手

选择柜子把手更多是考虑风格和偏好而非功能。虽然大多数柜子都预装了某种类型的把手，但是换下旧把手能给柜子以全新的面貌，非常划算。圆形把手和弧形把手的风格更加经典和传统，方形把手和条形把手更加有现代感。为了简约，很多设计师偏向于让柜子和洗手槽的五金配件保持一致性。

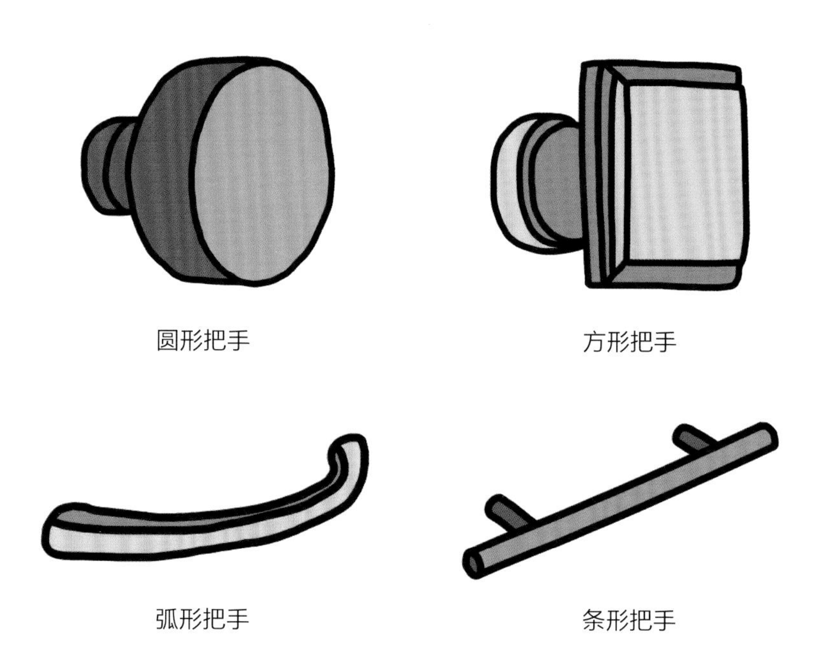

圆形把手　方形把手

弧形把手　条形把手

贝壳把手

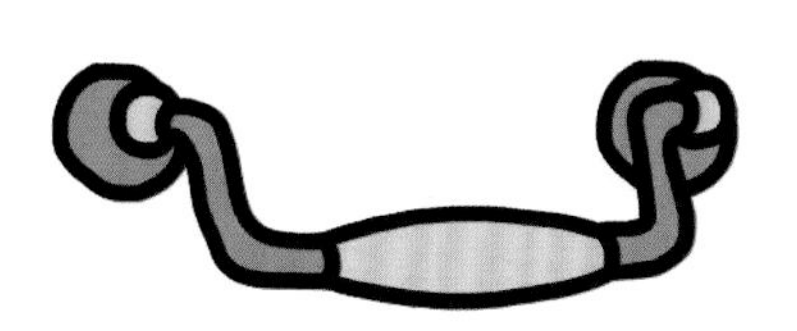

吊锤把手

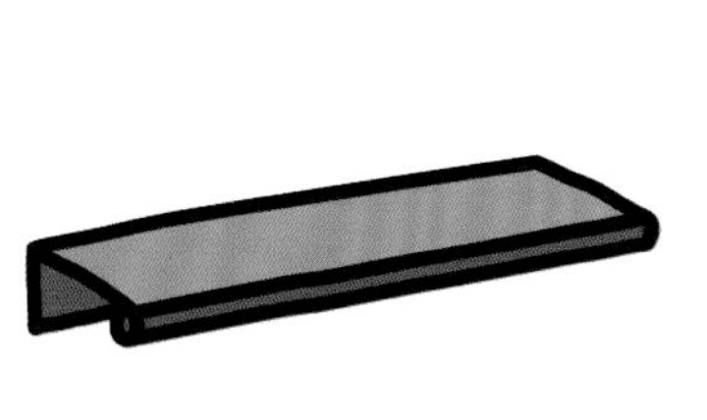

封边把手

吊环把手

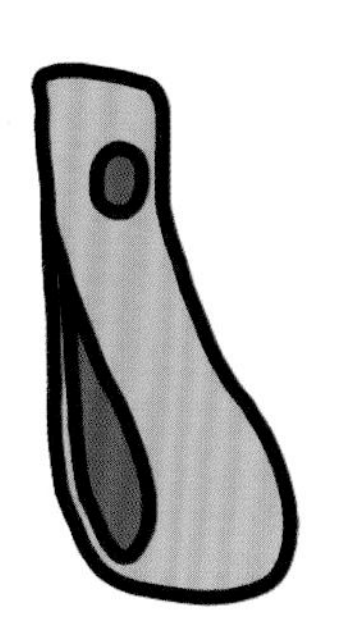

绳子把手

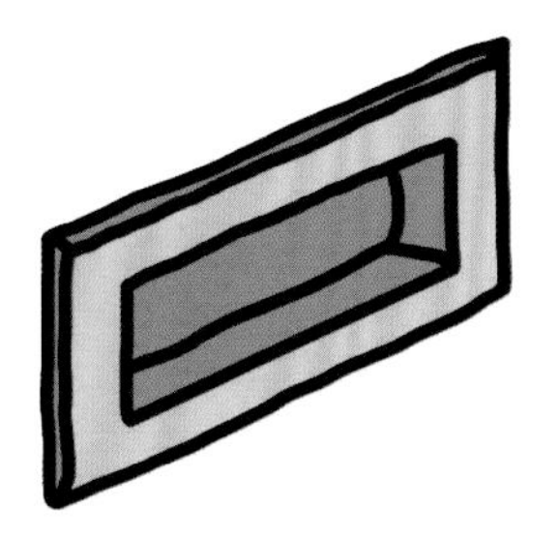

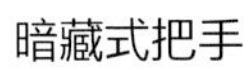

暗藏式把手

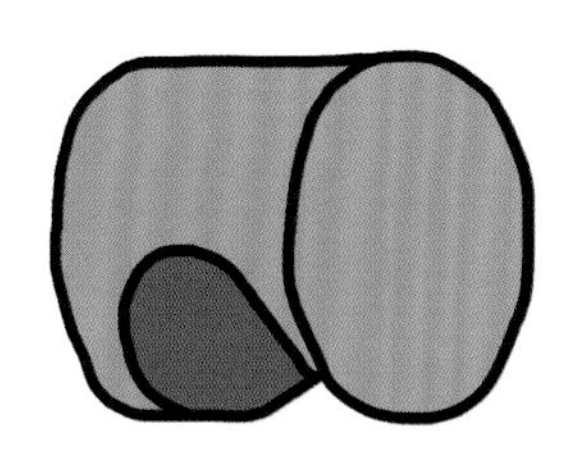

单指把手

门把手

杠杆式把手和旋转式把手这两种基本门把手类型各有优缺点。除了审美偏好外，还要根据居室的需要来选择把手。

把手类型

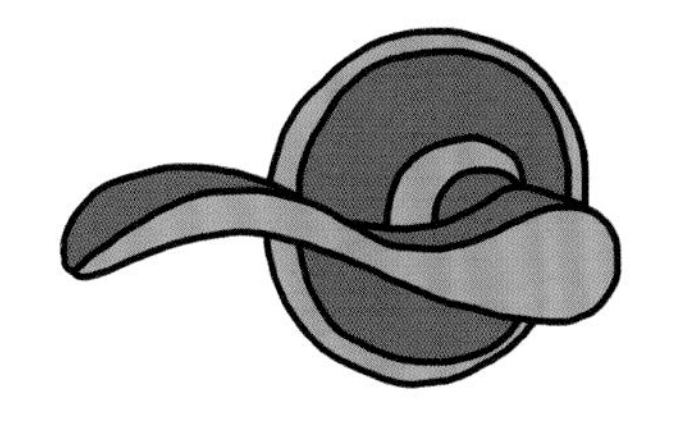

杠杆式把手

其设计符合人体工程学，适合活动有限制的人群。更容易被儿童和宠物打开。可以用衣物、手肘或皮带等打开。其安装方向必须和开门方向搭配（无论是往左还是往右）。

旋转式把手

对于儿童和宠物来说，要打开比较困难。其适用于任意门向（左边和右边）。对于活动有限制的（或双手拿满东西和手湿的）人群来说，打开较困难。

门锁的类型

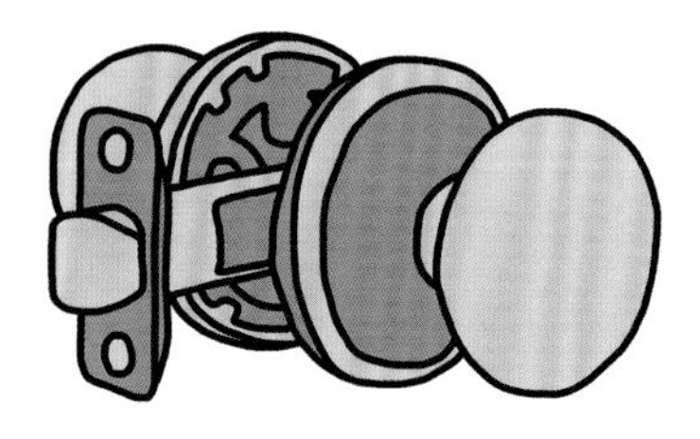

通道门锁

这种类型的门锁可用在居室内任意不用上锁的门上，如衣帽间门和走廊门，从门内外两边都能打开。

储物柜门锁

这是一种单边门锁，用于不需要上锁或者不需要两边开的门，如衣柜门。

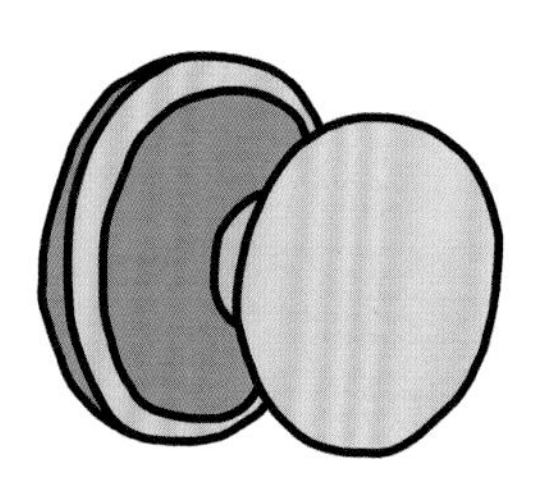

隐私门锁

这种类型的门锁可用于比较私密（非安全防盗）的地方，如卫生间和卧室。

钥匙门锁

用于很多需要安全上锁的门，如后门。

灯泡

灯泡的类型

白炽灯

节能灯

LED灯

灯泡的形状

梨形

鼓形

球形

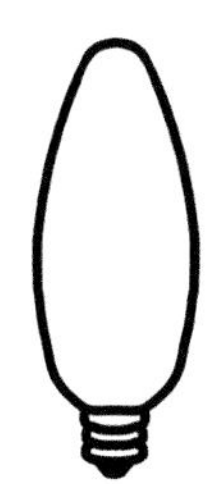

蜡烛形

聚光形

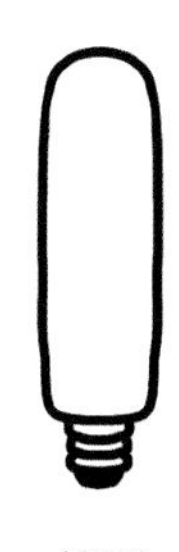

管形

初学者指南：流明

流明是灯泡光通量的测量单位。房间或区域所需的光通量取决于空间的大小、在空间里进行的活动，以及其他因素，如墙漆或覆盖物种类，因为不同面漆和颜色能不同程度地吸收或反射光。瓦特是功率单位，用于测量灯泡需要多少电力用来照明。这就是一些灯具设备会注明适配灯泡的最大功率的原因。类型不同但功率相同的灯泡实际上可以产生同样多的光通量，或者说可见光。

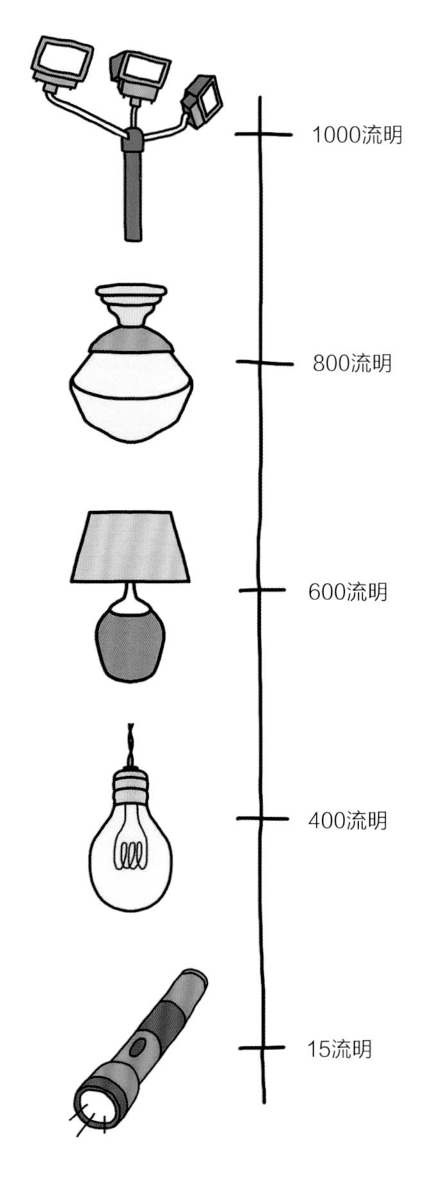

螺钉

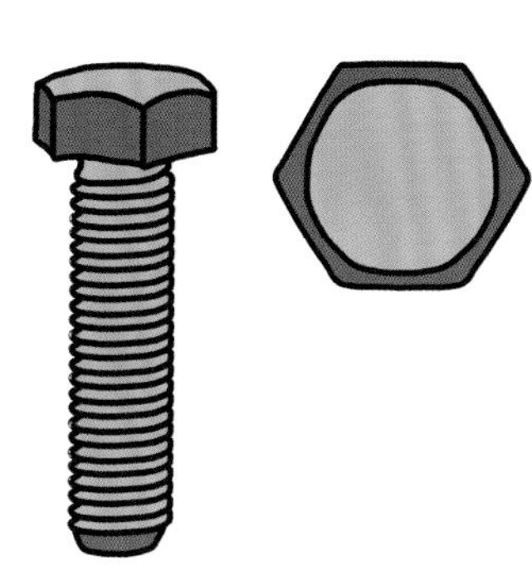

有帽螺钉

和螺栓一起搭配使用，没有螺钉头，可用于额外紧固。

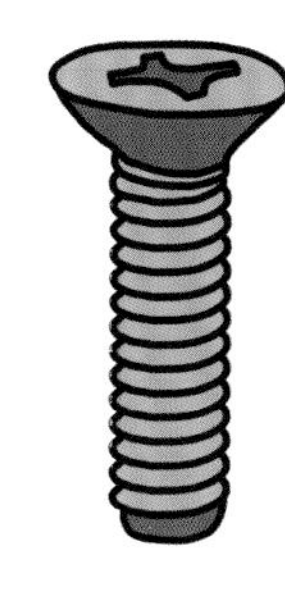

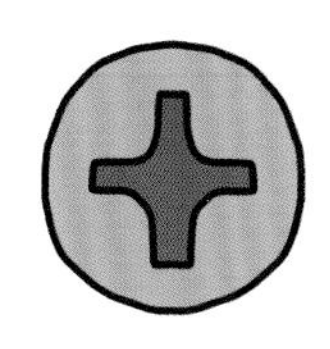

机器螺钉

必须和螺栓搭配使用，没有尖角。

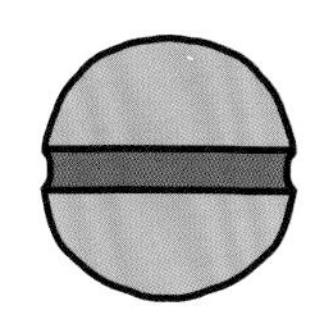

自攻螺钉

有尖角，易于钻进材料，用于木材、金属和其他材料。

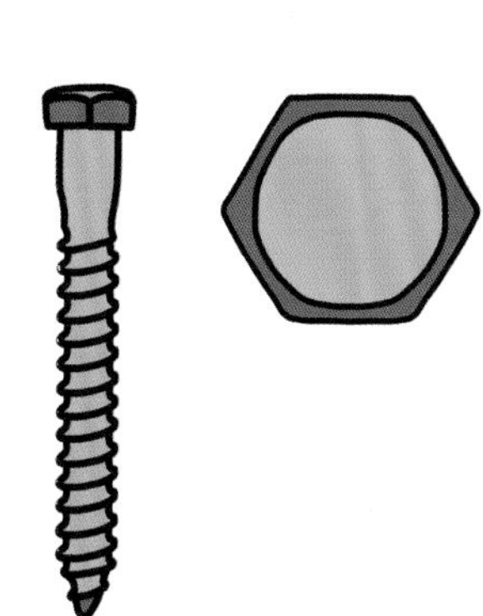

拉力螺钉

通常较大，六角头，用于厚重的耐用材料上。

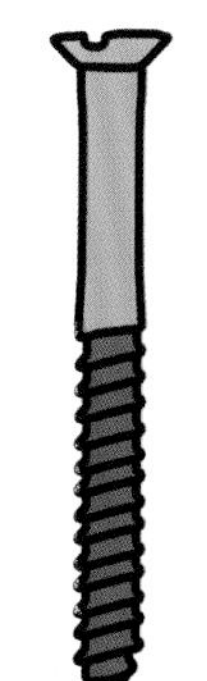

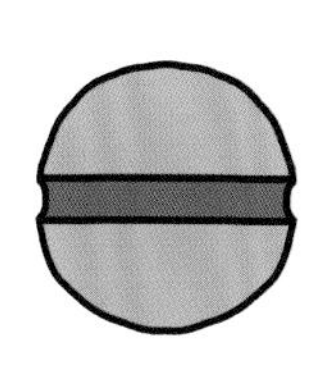

木螺钉

螺钉由螺帽向下逐渐变细，用于紧固木材。

螺钉头

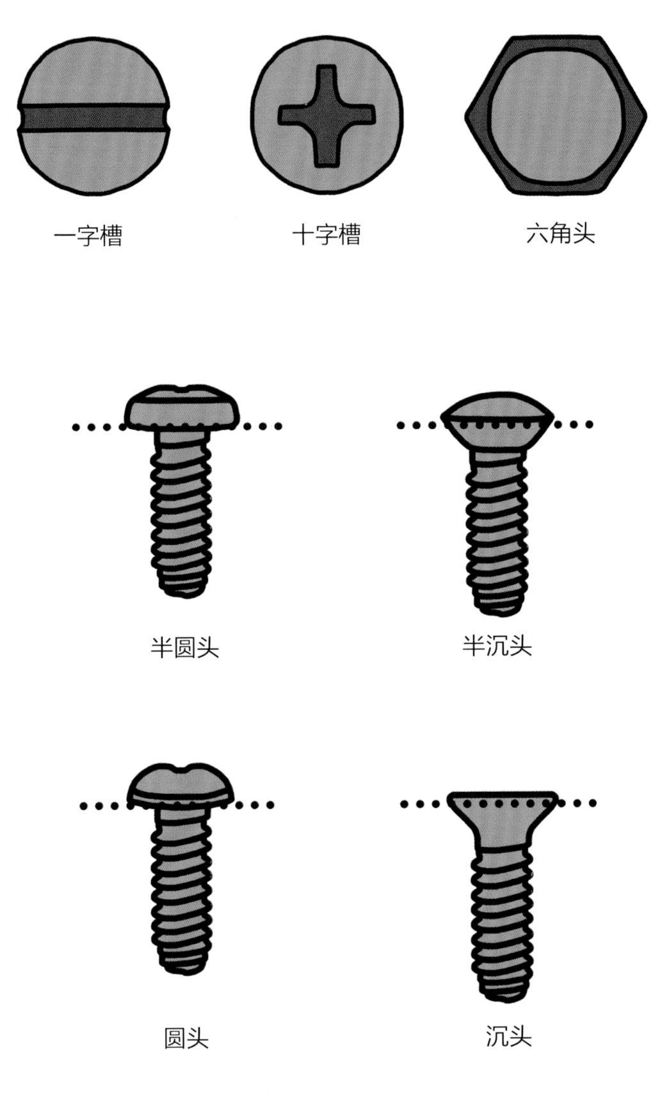

钉子

普通圆钉

有多种长度规格。此类钉子常用于粗糙表面，例如用于钉木材。

箱钉

比普通圆钉小，不如普通圆钉坚固。

饰面钉

因其钉头很小而适合用于物品表面，如装饰板。

包装钉

类似于饰面钉，但是更加坚固。

无头钉

饰面钉的小型版本，用于小型物品，如相框。

瓦楞钉

螺钉头较宽，用于紧固屋面材料。

干壁钉

钉轴有螺纹，用于紧固石膏板。

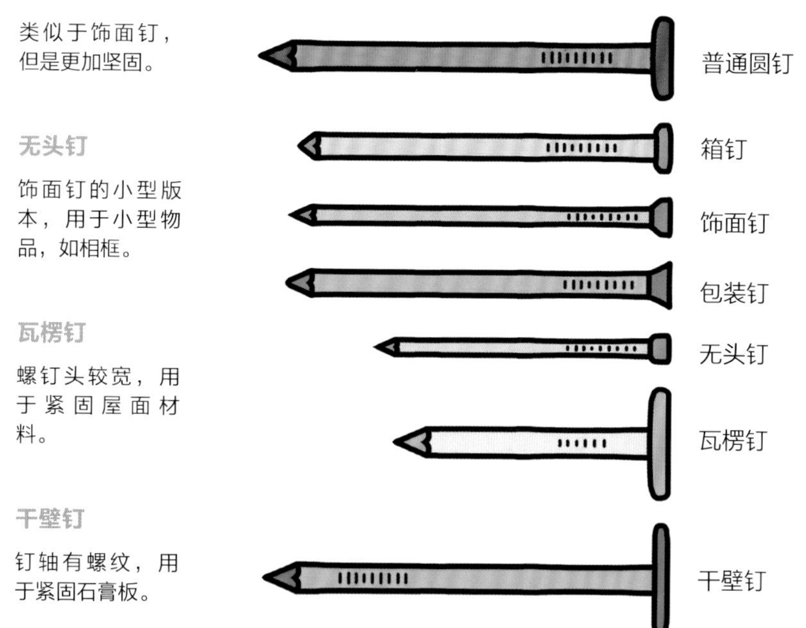

三 设计和装饰技巧

如何制作平面图

完成合同签署等工作后，您会想要看看专业的居室平面图。对于自己动手的室内设计师和家具采购者来说，一张简单的手绘平面图可以很好地辅助其进行物品选购、空间利用。能画一张有比例尺的平面图当然很好，但如果是出于满足采购需要就不是很必要。只要准确测量空间大小和一些基本要素就可以了。理想的情况是：将每个测量值都精确至1/8英寸（约0.3厘米）。不要忘记测量每扇门的里外尺寸，以及每扇门需要的开门宽度。

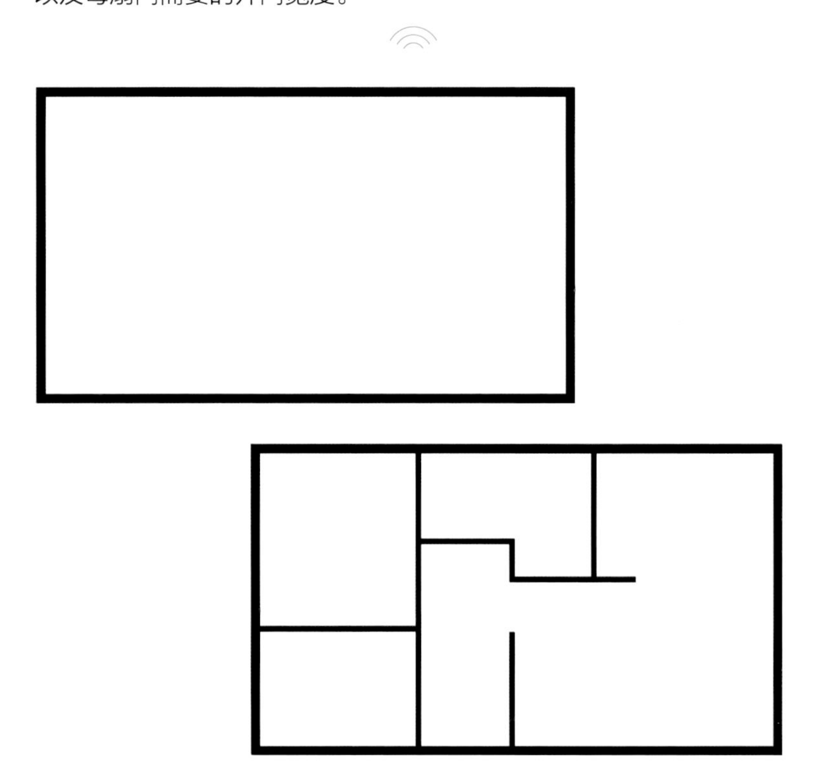

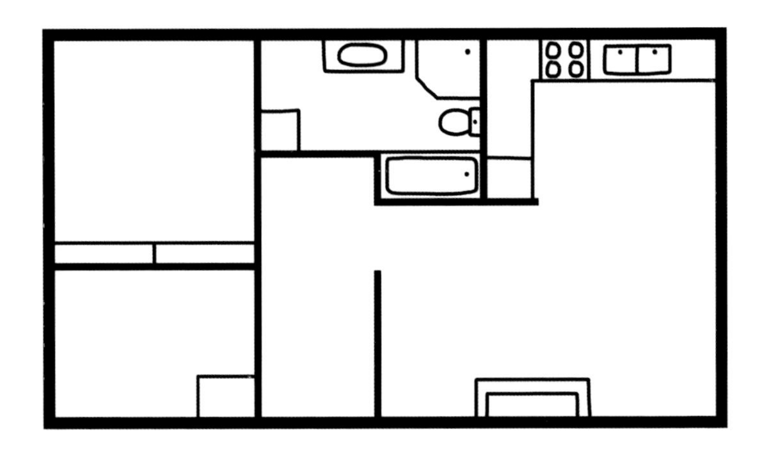

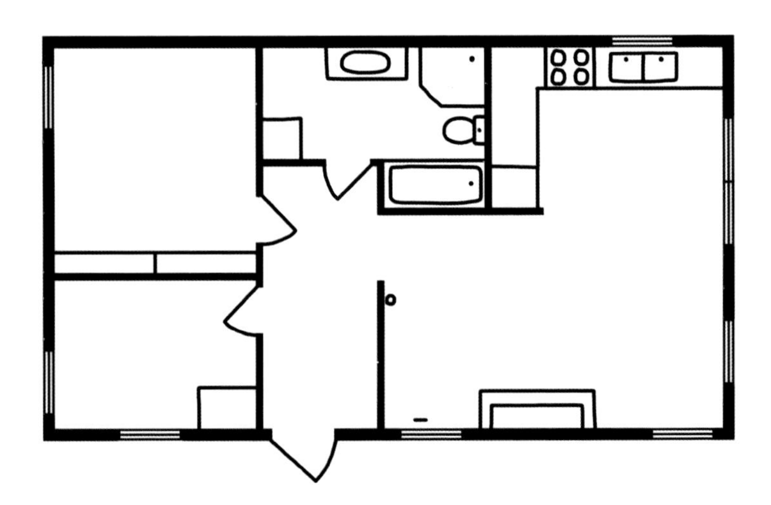

专家提示：

在平面图中标注好窗户和插座位置，可以帮助您清楚看到哪里需要照明设备或大型家电，这样就能避免将电线拖得很远。

居室流线

居室流线实际是指人在居室空间内走动或移动的方向：从走廊走到卧室，从客厅走到厨房，从卧室走到卧室内配套的卫生间等。知道居室流线可以帮助您决定在哪个位置放某件家具或知道每个房间的聚光点（下一部分将详细讲述）。规划居室流线的经验法则是：想想在没有开灯的时候会如何走动，任何可能撞到或绊倒的物件都应该移走。

也可以沿着居室流线在房间的走道里使用一种颜色或色调来增强效果。无论是同色的配件还是其他颜色的艺术品或墙漆，沿着居室流线进行协调搭配可以连接起整个空间。

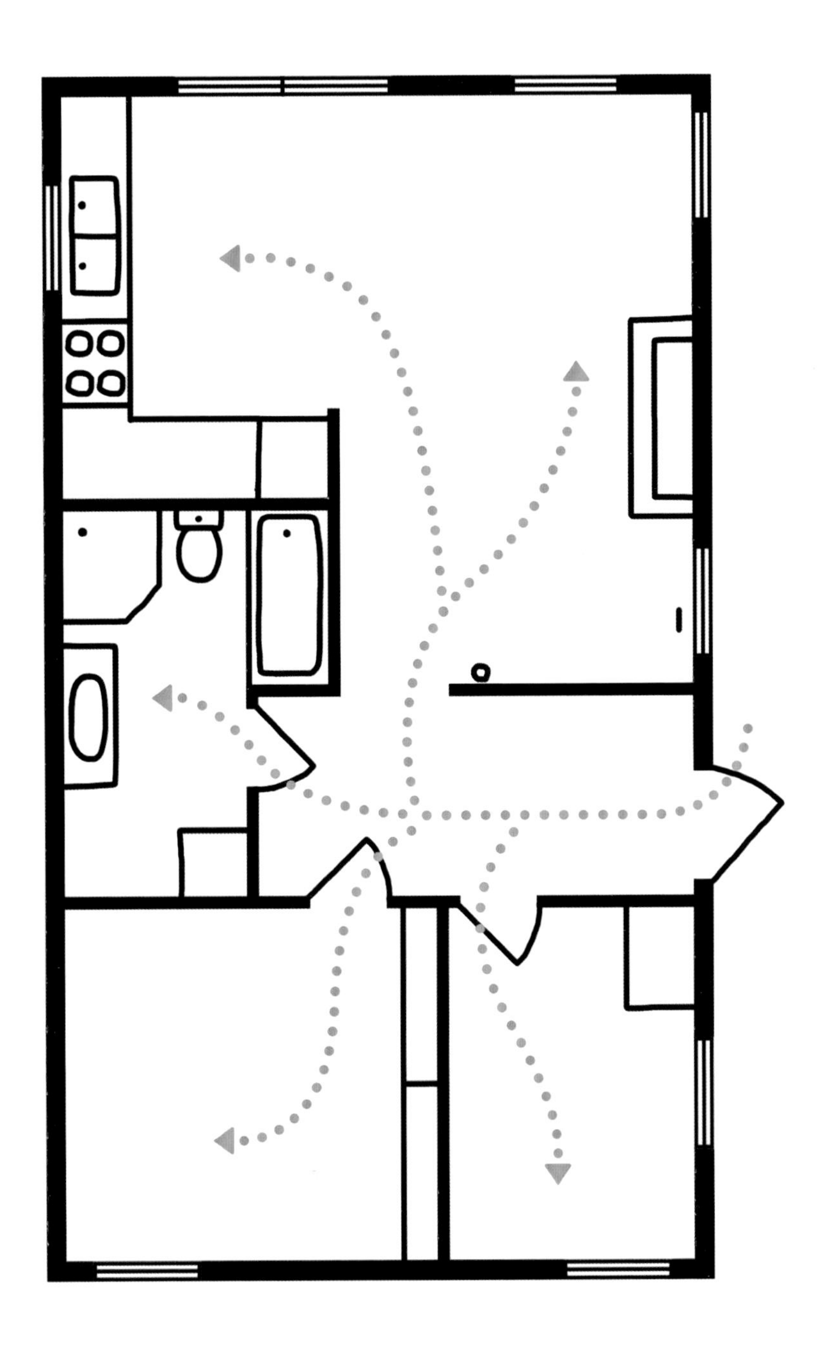

聚光点

居室里的每个房间或区域应该有一个可见的聚光点。有些房间有天然的聚光点，如壁炉或落地窗。其他地方也有可选的聚光点，如电视或照片墙。如果您不确定哪里是聚光点，想想进入房间的时候，视线自然停留在哪个地方，就从哪里开始规划。在开阔的平面图上，大空间或房间通常有多个聚光点，如其中的大窗户、大沙发或大件艺术品。聚光点可以从视觉上划分空间，形成不同的特定区域。

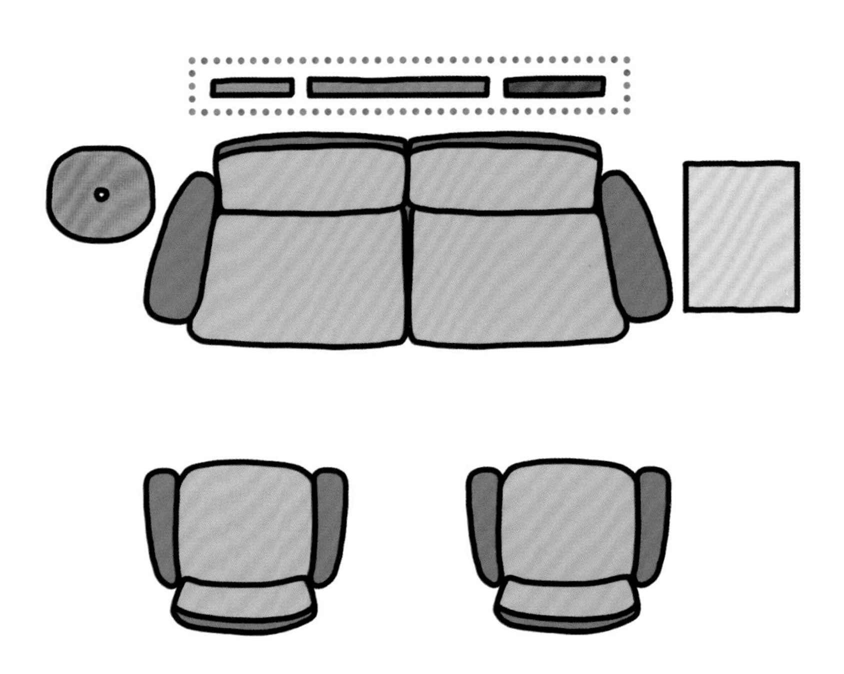

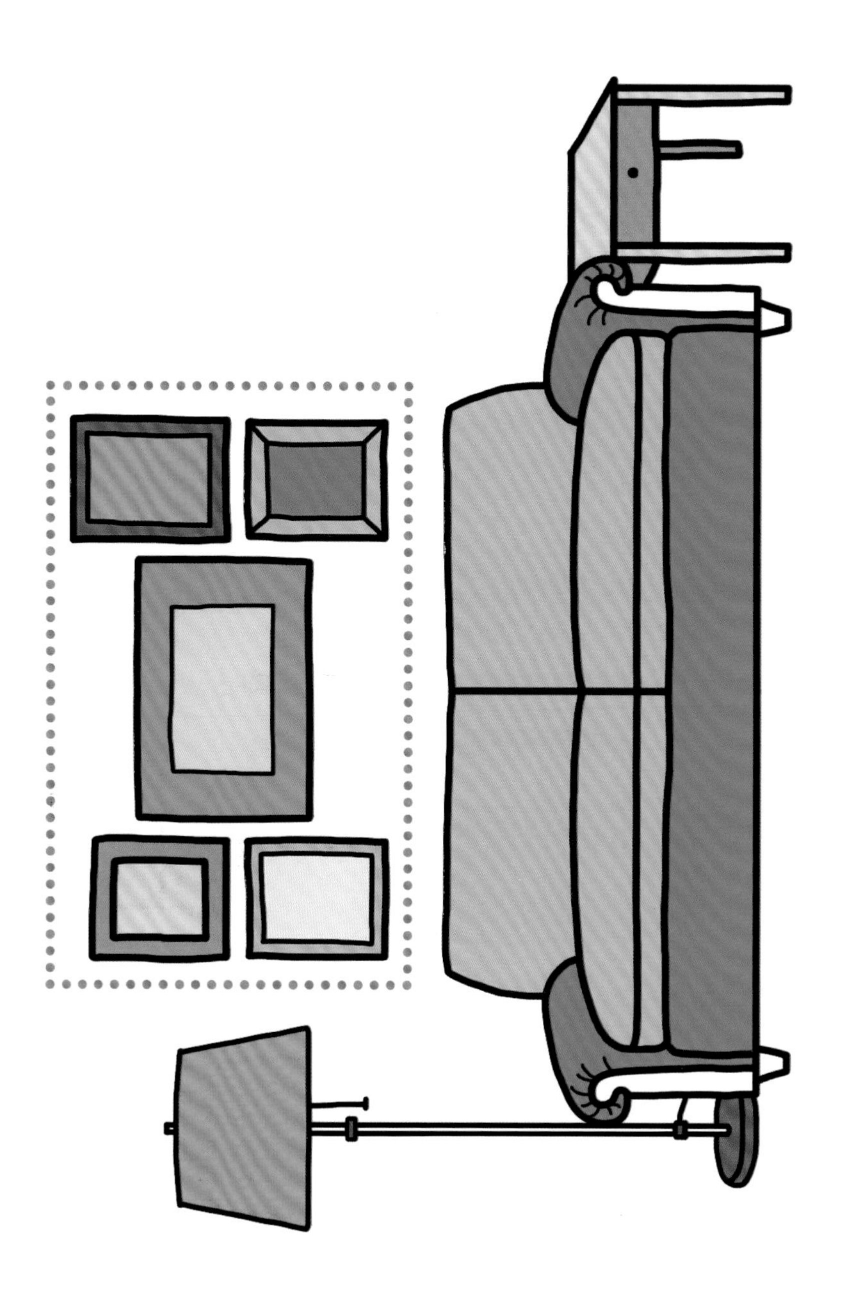

照明层次

在任意区域至少保证三层照明，让空间看起来更有层次感。您可以使用光线调整居室氛围，突出区域的亮点。每层照明都由不同的灯源或多个灯源组合，为同一功能服务。三层照明包括环境照明、聚光照明和工作照明。三层照明可以同时使用以达到最佳效果（如夜间），也可以单独使用来调节氛围或突出某个特定区域。

环境照明是最基本的层次，有时候也叫顶部照明。环境照明照亮整个房间，通常十分明亮，还有点刺眼。较为常见的是嵌入式灯、吸顶灯、枝形吊灯或者附在天花板吊扇上的灯。人们往往停留在这个照明层次，不再考虑房间的其他功能。

聚光照明或者装饰照明是为了凸显空间里的特定物品或元素。这可以十分具体，如画作上面的定向光，也可以很广泛，如某面墙上的投射灯。这还可以应用到室外照明设计，如定向泛光灯，照向特定的树木或者建筑。

工作照明可采用任意具体的照明设备，旨在帮助您完成特定工作任务。它通常包括工作台灯、阅读灯、卧室台灯和落地灯。随着每个空间的使用功能变化或者家具摆设变化，这类照明的需求和位置变化比前两种更烦琐。

某些照明设备可以在多种类型的照明层次中使用。例如，有调节灯光明暗按钮的枝形吊灯，又如顶部照明设备在光线调到最明亮时可以作为环境照明，光线调暗的时候作为聚光照明。

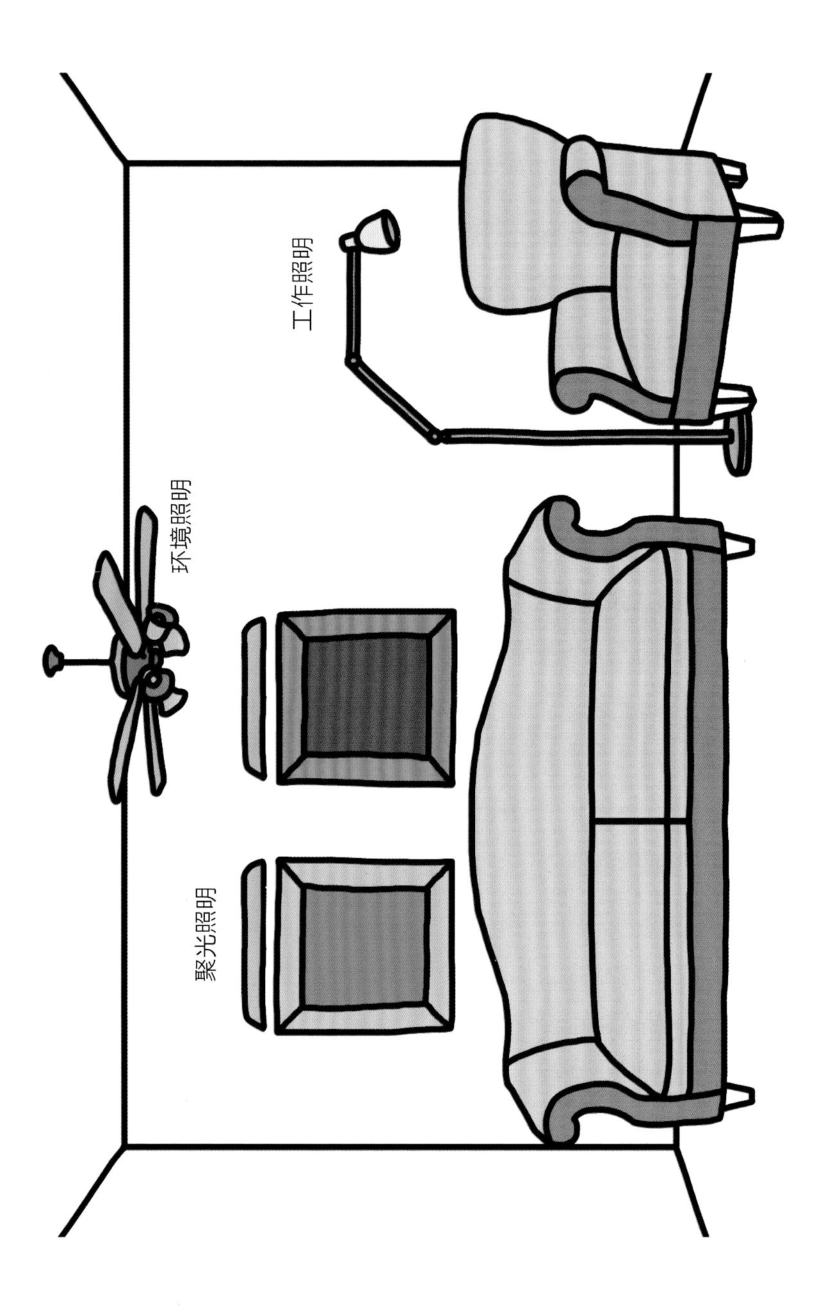
工作照明
环境照明
聚光照明

比例和搭配

比例和搭配指的是每件室内家具之间的关系。所有居室都需要各种大型、中型和小型的家具物品，每件家具物品的风格和位置都应有助于增强空间的平衡感和完整性。

比例和搭配也是发挥空间功能的一大要素。如果沙发特别长，那么需要比例相配的茶几，这样可以保证每个坐在长沙发上的人都能就近放置杯子。关键是风格和大小要能够相配。如果沙发有下摆，底部看起来是实心的，那么茶几脚应该有开放空间来平衡。如果沙发脚底下可以看到多余空间，那么茶几可以稍微厚重一点。这都是平衡的问题。

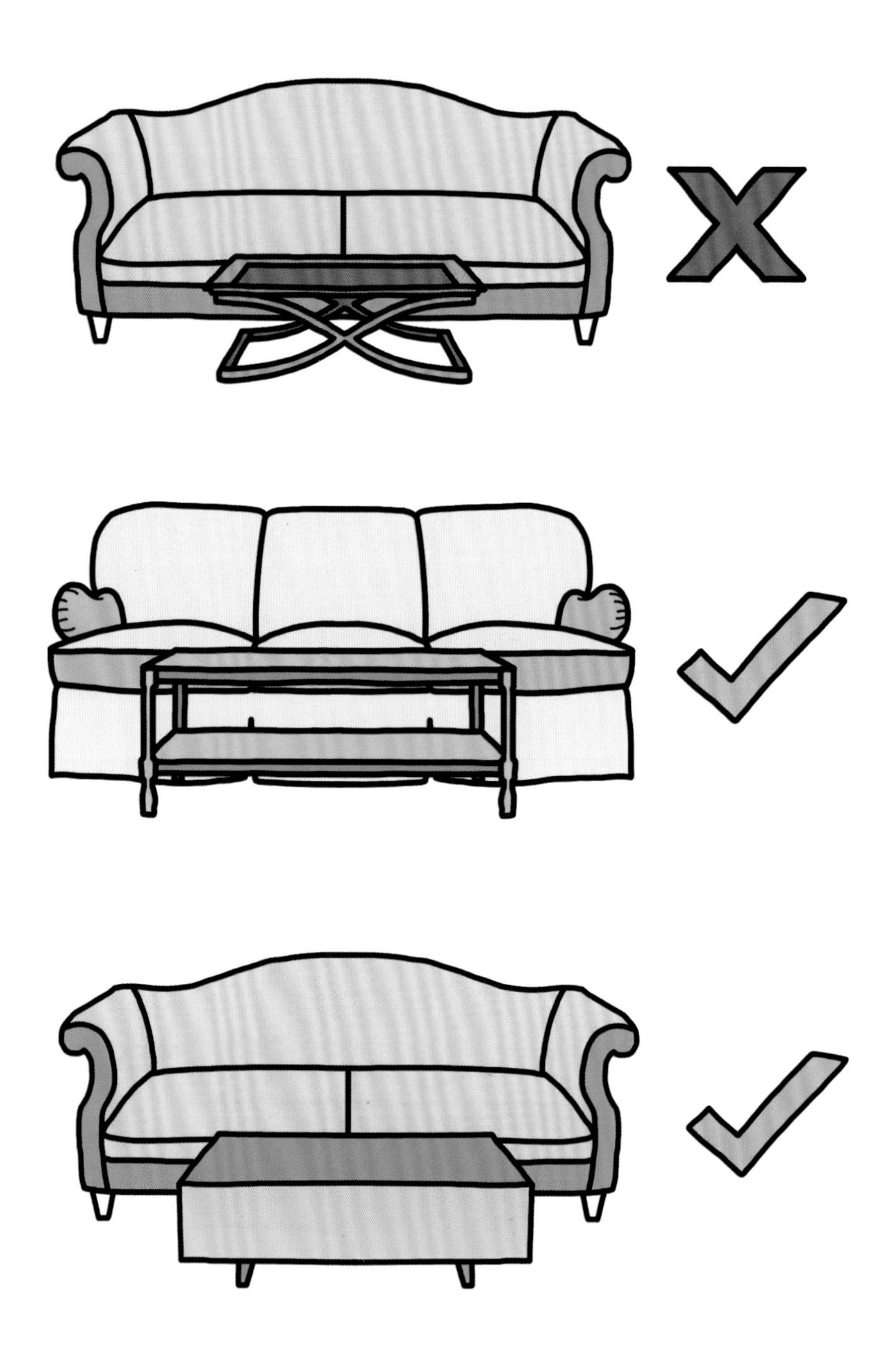

窗帘的高度

您或许没有办法提高天花板高度，或者增加窗户宽度，但是可以使用窗帘来做视觉上的空间调整。一般来说，窗帘高度和宽度只须满足遮住窗户。要想让窗户看起来更宽，更好的做法是，装上比实际窗户长大概1英尺（约30厘米）的窗帘杆，在打开窗帘的时候，不会遮到窗户。这样能让更多的光线进来，也会让窗户看起来更宽。最好的窗帘悬挂方式是，挂在更靠近天花板的地方，比窗框更宽的位置，而不是挂在窗户顶部。这样视线跟着往上，天花板看起来更高，打开窗帘时，也能有更充足的光线照射进室内。

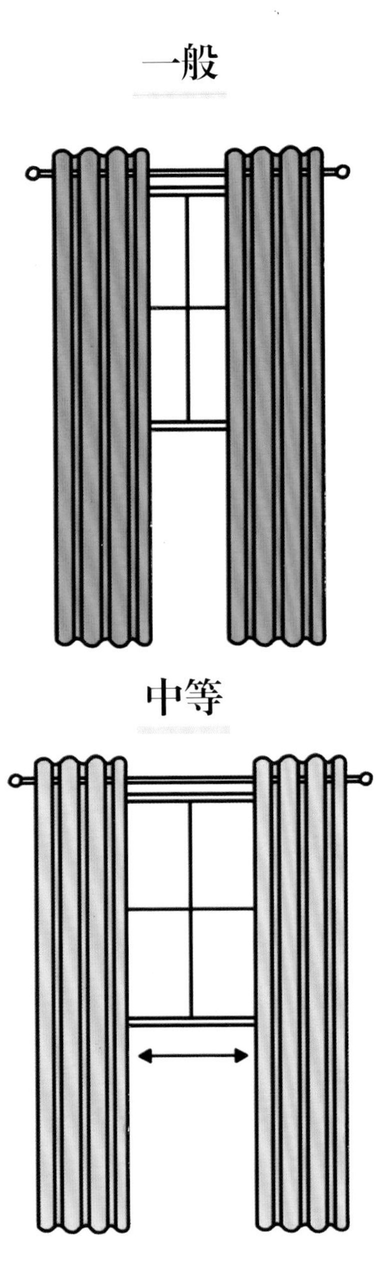

最佳

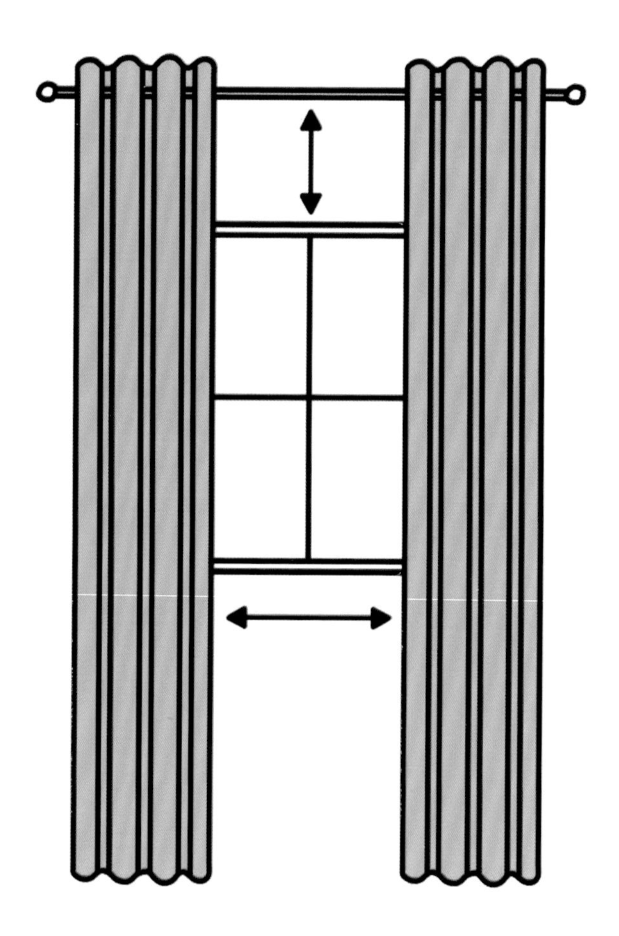

室内绿植的最佳摆放方式

摆放绿植是给空间增添温暖和色彩的好方式。绿植类型取决于房间窗户的朝向和大小，以及绿植的位置。朝南的窗户光线最充足，朝北的窗户光线最差。朝东和朝西的窗户光线适中，光照时长短，特别是冬季，绿植应该靠近窗户摆放以便健康生长。如果您想将绿植放在光线不足或无光线的房间，每两个星期要将它们搬到光线充足的房间。

万年青

白鹤芋

绿萝

虎尾兰

吊兰

琴叶榕

波士顿蕨

条纹竹芋

鸟巢蕨

橡胶树

家具改造

如果不想在家具购置上花费太多，但是又厌倦了某种家具风格，这里有几种方法帮助您改造旧家具，让它们换上新面貌。最便宜最简单的两种改造家具的方法就是换掉五金硬件或家具脚。柜子和抽屉可以换上新风格的把手。沙发脚和椅脚通常可以很容易换上新的更加现代或采用流线设计的款式。重新刷漆和换装饰的方法会更加耗时和昂贵，但是能很好地给旧家具以新面貌。基本的刷漆工作和装饰物件可以自己动手和设计制作，换上定制的装饰物件的费用比购置新家具要便宜得多。

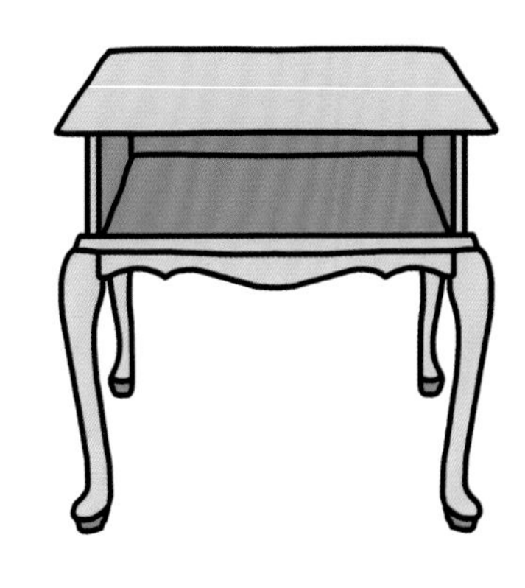

刷漆

换装饰

换五金硬件

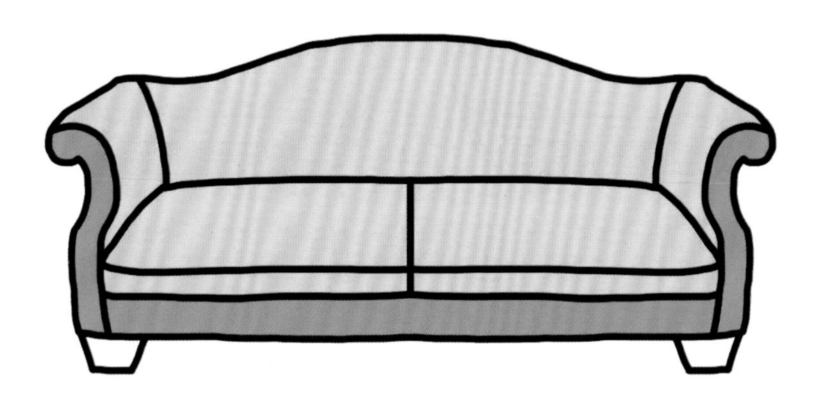

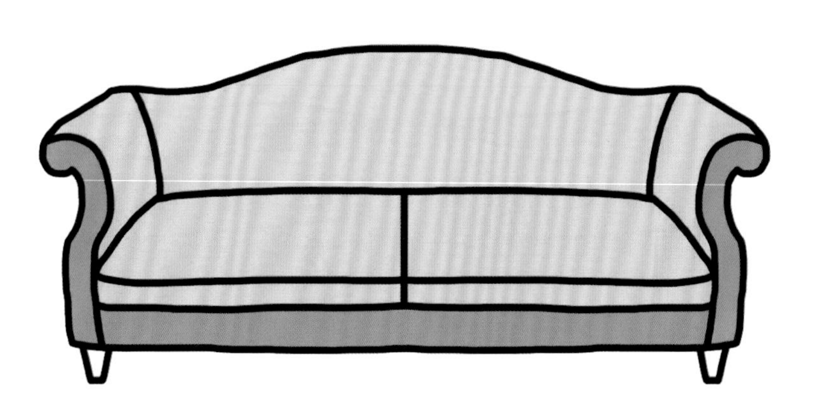

换家具脚

面料码数：椅子

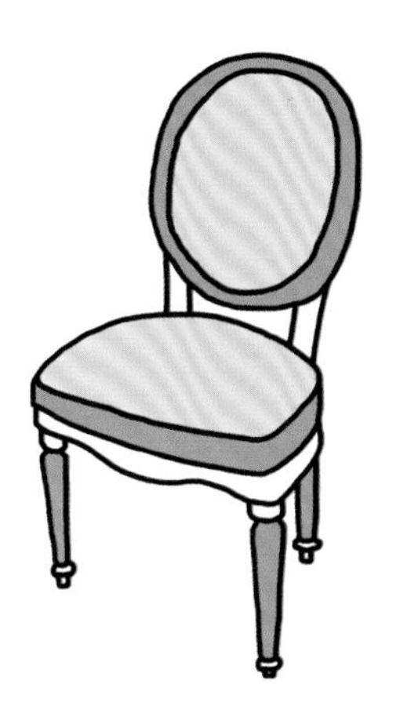

复古法式椅
2码

浴缸式沙发椅
4码

帕森斯椅
3码

翼背沙发椅
7码

现代翼背沙发椅
7码

贝尔杰尔沙发椅
5码

无扶手沙发椅
5码

劳森沙发椅
6码

矮脚软垫沙发椅
8码

休闲椅
3码

面料码数：沙发

卡布利尔沙发

6英尺：12码

7英尺：14码

9英尺：18码

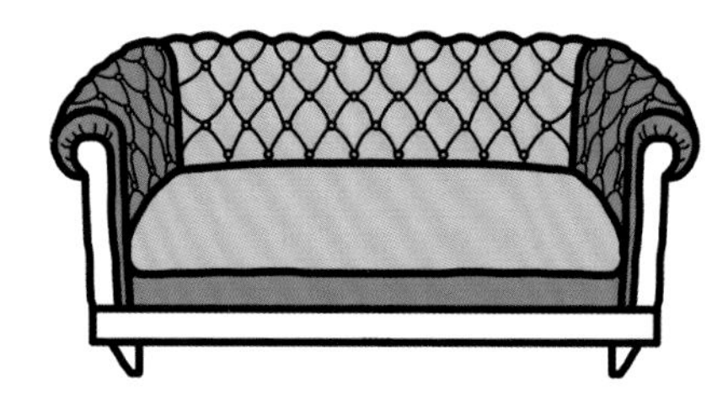

切斯特菲尔德沙发

6英尺：13码

7英尺：15码

9英尺：20码

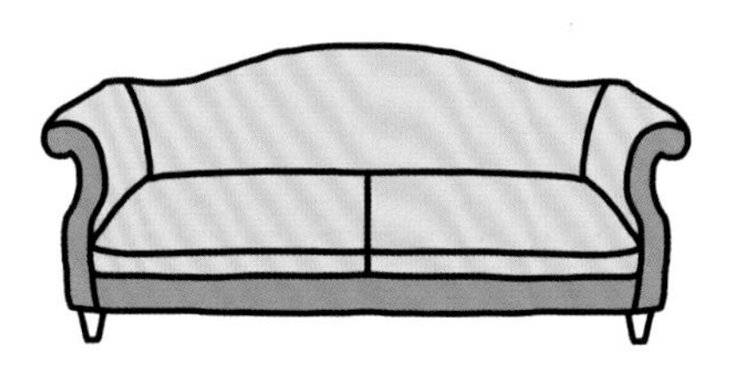

驼峰沙发

6英尺：12码

7英尺：14码

9英尺：18码

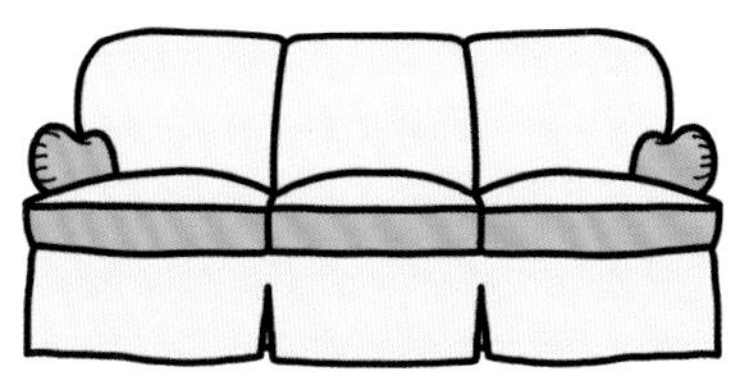

英式卷臂沙发

6英尺：13码

7英尺：15码

9英尺：20码

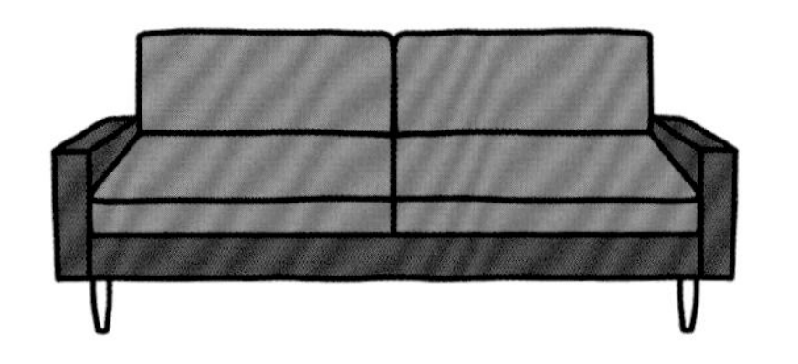

中世纪风格沙发

6英尺：13码

7英尺：15码

9英尺：20码

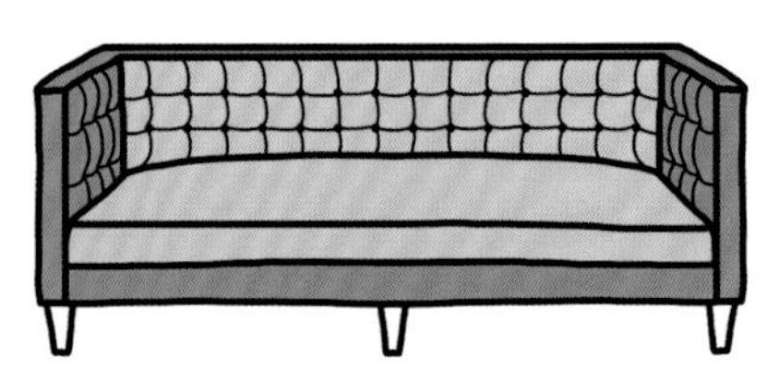

塔克西多沙发

6英尺：13码

7英尺：15码

9英尺：20码

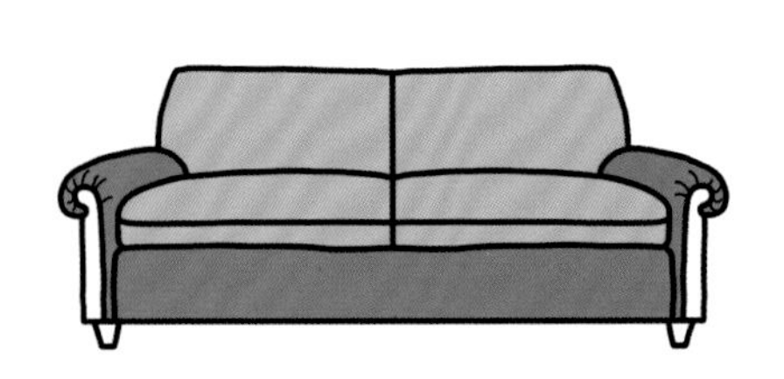

劳森沙发

6英尺：12码

7英尺：15码

9英尺：18码

长靠椅

7码

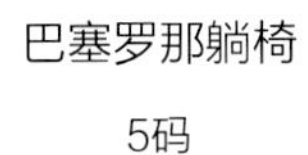

巴塞罗那躺椅

5码

贵妃椅

8码

面料码数：床

带装饰床头板

特大床：3码

加大床：2.5码

大床：2码

单人床：2码

资源指南

Apartment Therapy

apartmenttherapy.com

Apartment Therapy专门为小空间装饰提供解决方案，启发小型居室的风格设计灵感。

BuzzFeed DIY

buzzfeed.com/diy

BuzzFeed DIY资源丰富，提供一些易于操作的室内设计建议，涉及翻新、装饰、结构、智能生活、家居物品等方面。

Decor8

decor8blog.com

Decor8由霍利·贝克（Holly Becker）在2006年创办，是第一批设计博客网站，内容包含从自己动手布置、风格建议到技巧秘诀的各种室内设计建议。

Design Sponge

designsponge.com

Design Sponge给创意生活和工作提供绝妙灵感。

Domino

domino.com

Domino是一站式设计网站，提供新奇时尚的室内设计灵感，有网购配图以及其自家的家具产品线。

Remodelaholic

remodelaholic.com

Remodelaholic专门提供自己动手设计方案，在有限的预算下进行改造，资源丰富，并对如何简化有难度的改造项目提供建议。

The Sill

thesill.com

The Sill是室内植物商店，也提供大量资源，如如何维护植物。

Style by Emily Henderson

stylebyemilyhenderson.com

艾米丽·亨德森（Emily Henderson）是一名设计师，有自己独特的风格，擅于将复杂的设计问题变得通俗易懂，并应用于家居设计中。

The Sweet Home

thesweethome.com

The Sweet Home里面有详尽的介绍，包括从家具陈设、家电、工具到技巧的任何居室布置所需的知识。

Vintage Revivals

vintagerevivals.com

Vintage Revivals为自己动手设计者提供妙计，使陈旧家具看起来焕然一新。

致谢

在此感谢我所有的老板、老师还有我的父母，他们一贯注重创意，像注重其他技能或能力一样。感谢这些年雇用我的公司，使我有随心随性的工作经历。感谢Homepolish的创始人和设计师团队，营造出如此鼓舞人心的工作环境。感谢我在Buzzfeed的那一群欢闹、聪慧、勤奋、有创意的同事，特别感谢天才插画师爱丽丝，她将我一串串单词和不堪入目的草图变得如此赏心悦目。

——杰西卡 · 普罗伯斯

我想感谢我妈妈，她从未停止过对我的爱护和支持。谢谢迈克尔，夜复一夜在我身边陪伴着我，确保我画的椅子看起来真实。谢谢我的狗洛基，在我需要倾诉的时候来到我身边。谢谢所有鼓励我的朋友。当然，最后我要感谢杰西卡，给我这个难得的机会，让这本书变得更加富有活力。

——爱丽丝 · 蒙康莉特

关于本书作者和插图者

杰西卡·普罗伯斯是一名作家、编辑和设计师，居住在纽约。她在纽约和亚特兰大做过室内设计师、布景设计师、道具设计师和产品设计师。她目前在Buzzfeed任DIY编辑，同时是Homepolish的设计师。她和男友住在纽约皇后区，喜欢种绿植。

爱丽丝·蒙康莉特是平面造型设计师和插画师，在洛杉矶工作。她从加利福尼亚大学洛杉矶分校毕业，获得了设计/媒体艺术学位，先后就职于广告公司、新兴移动游戏公司、世界各地不同的咖啡店，以及自由职业。她目前是Buzzfeed的平面造型设计师。她喜欢自己动手的DIY文化、精致的文具、她的狗洛基。她和丈夫一起住在洛杉矶。